知识就在得到

启 发

罗振宇 —— 著

新 星 出 版 社 NEW STAR PRESS

在广袤的空间和无限的时间中，
能与你共享同一颗行星和同一段时光，
是我莫大的荣幸。

——〔美〕卡尔·萨根《宇宙》

序

我把所有的内容形式分成三种: 故事、观点、启发。

"故事",是把别人邀请进自己布置的世界里;"观点",是把自己的想法放进别人的世界里。这都是单向的互动过程。

而"启发"则要复杂得多,它至少包含了四个部分:

第一,我自己有一个挑战性问题;

第二,我在其他领域偶然遇到了一个新信息;

第三,这个新信息让我的问题有了一个新答案;

第四,这个新答案,还能扩展成一个新思路,可以应用到更广泛的领域。

这四个心理过程同时发生了,才能称之为一个"启发"。

"故事"和"观点"也许另有所图。唯有"启发",指向自己的成长。

过去 10 年,我在"罗辑思维"微信公众号每天发送一条 60 秒语音,这样的"启发",我写了 3652 条。这本书选择了其中一些,编成一个一个词条,分享给你。

每当你遇到挑战或心有困惑时,找到相关的词条,读上一页,新的想法没准儿就会冒出来。你也可以随机翻开一页,读上几条,那些点亮我的启发,也许也能点亮你。

罗振宇 于深圳

2022 年 12 月 21 日

目录

A

爱　　　　　　003

爱好　　　　　004

爱情　　　　　005

爱自己　　　　006

安全事故　　　007

案例　　　　　008

暗能力　　　　009

奥卡姆剃刀原理　010

奥运会　　　　011

B

榜样　　　　　015

被迫选择　　　016

本分　　　　　017

闭环　　　　　018

变数　　　　　019

标准答案　　　020

不干涉　　　　021

不靠谱　　　　022

不确定　　　　023

不孝　　　　024

C

才华　　　　027
参数调整　　028
产品化　　　029
长期主义　　030
长寿　　　　031
长远目标　　032
常识　　　　033
场景　　　　034
敞口　　　　035
称职　　　　036
成熟　　　　037
城墙　　　　038
吃苦　　　　039
冲突　　　　040
重复　　　　041
仇恨　　　　042
出名　　　　043
传播　　　　044
传统　　　　045
创新　　　　046
创作　　　　047
辞职　　　　048

存量　　　　　049

挫折　　　　　050

错误认知　　　051

D

打卡上班　　　055

大脑　　　　　056

大学　　　　　057

代理变量　　　058

道德绑架　　　059

道歉　　　　　060

得体　　　　　061

迪士尼　　　　062

底线　　　　　063

第七感　　　　064

电梯效应　　　065

丁克　　　　　066

定规则　　　　067

定位问题　　　068

动词哲学　　　069

动机分化　　　070

动机落差　　　071

独当一面　　　072

独立思考　　　073

读书　　　　　074

度假　　　　　　075

段子　　　　　　076

对抗时间　　　　077

对事不对人　　　078

对手　　　　　　079

敦煌　　　　　　080

多元思维模型　　081

E　耳顺　　　　　　085

F　发现　　　　　　089

发展心理学　　　090

法律思维　　　　091

反制　　　　　　092

放大力量　　　　093

放空　　　　　　094

非时间　　　　　095

非正式交流　　　096

非正式知识　　　097

分类标准　　　　098

分歧　　　　　　099

分享　　　　　　100

风险社会　　　　101

峰终定律　　　102

服务　　　103

服务的最高境界　　　104

服务业　　　105

G

改造　　　109

概率思维　　　110

感觉　　　111

感受力　　　112

感性与理性　　　113

干事　　　114

钢琴　　　115

岗位　　　116

高地　　　117

高估　　　118

高管　　　119

高考　　　120

高手　　　121

个人课题　　　122

跟对人　　　123

工具　　　124

工作能力　　　125

公平　　　126

公司和员工　　　127

攻略 128

鼓掌 129

关抽屉 130

关系 131

关系结构 132

观察世界 133

观点 134

广告 135

广告的风险 136

贵族学校 137

H

汉赋 141

汉隆剃刀 142

行家 143

行业 144

好产品 145

好公司 146

好老师 147

好销售 148

好专业 149

好奇心 150

合伙人 151

合作思维 152

合作与合伙 153

红薯　　　　　154

红桃皇后　　　155

宏大视角　　　156

互联网精神　　157

花钱　　　　　158

怀孕　　　　　159

坏人　　　　　160

环境　　　　　161

灰度认知　　　162

灰人理论　　　163

混乱　　　　　164

活出自我　　　165

伙伴　　　　　166

获胜规则　　　167

J

机制　　　　　171

积木式创新　　172

基本功　　　　173

基因修改　　　174

激发　　　　　175

及时反馈　　　176

即兴戏剧　　　177

计划　　　　　178

记忆力　　　　179

纪律　　　　180

技巧　　　　181

绩效　　　　182

假象　　　　183

价值链　　　184

价值判断　　185

坚持　　　　186

见怪不怪　　187

建设性　　　188

江郎才尽　　189

讲故事　　　190

交流　　　　191

骄傲　　　　192

教练　　　　193

教训　　　　194

教育　　　　195

接受　　　　196

节奏　　　　197

截然相反　　198

解决　　　　199

借口　　　　200

斤斤计较　　201

金钱观　　　202

经济学　　　203

精确　　　204

竞争　　　205

竞争策略　　206

竞争对手　　207

境界　　　208

就事论事　　209

拒绝　　　210

具体　　　211

决策　　　212

决策模型　　213

K

开放　　　217

开会　　　218

开卷考试　　219

抗压　　　220

考场逻辑　　221

考试　　　222

考研　　　223

靠谱　　　224

科学和技术　225

科学人　　226

可持续　　227

可信　　　228

渴望　　　　229

克制　　　　230

刻意　　　　231

客服　　　　232

客户需求　　233

客体化　　　234

课程　　　　235

恐惧　　　　236

恐惧清单　　237

控制力　　　238

口头表达　　239

夸奖　　　　240

框架　　　　241

匮乏　　　　242

L

垃圾箱　　　245

辣椒　　　　246

栏杆　　　　247

懒蚂蚁效应　248

劳力士　　　249

老板　　　　250

老年生活　　251

乐观主义者　252

冷漠　　　　253

李白　　　　　254

理想　　　　　255

理想生活　　　256

理想主义者　　257

历史　　　　　258

两难　　　　　259

临床　　　　　260

灵感　　　　　261

领导力　　　　262

留学　　　　　263

路怒症　　　　264

轮作　　　　　265

M

麻烦　　　　　269

骂人　　　　　270

麦当劳　　　　271

盲区　　　　　272

媒体　　　　　273

魅力　　　　　274

梦想　　　　　275

描述　　　　　276

模块化　　　　277

目标窄化　　　278

N

难易 281

能力模型 282

逆向思考 283

年龄段现象 284

牛人 285

农民工 286

P

拍马屁 289

配得上 290

朋友 291

批评家 292

偏好 293

骗子 294

品控 295

平台 296

评价 297

Q

企业规模 301

企业文化 302

强关系 303

强制 304

亲子交流　　305

勤奋　　306

清零　　307

情感账户　　308

情商　　309

情绪　　310

情绪价值　　311

情绪控制　　312

穷人区　　313

权力周边　　314

缺口　　315

群体思维　　316

R

人格　　319

人格修习　　320

人际关系　　321

人脉　　322

人性　　323

人性配方　　324

忍无可忍　　325

认了　　326

任人唯贤　　327

日记　　328

S

晒被子　　331

善举　　332

奢侈品　　333

社会网络　　334

社会资本　　335

社交　　336

社交货币　　337

涉猎　　338

深刻　　339

审美能力　　340

生存空间　　341

生态扩张主义　　342

生意网络　　343

失败　　344

师父　　345

时间　　346

时间杠杆　　347

时间管理　　348

实力　　349

史特金定律　　350

试错　　351

是非　　352

适度　　353

适合　　　　　　　354

收益措辞　　　　　355

手机　　　　　　　356

手艺　　　　　　　357

书店　　　　　　　358

书名　　　　　　　359

数据陷阱　　　　　360

数量　　　　　　　361

衰老　　　　　　　362

水流　　　　　　　363

说服　　　　　　　364

说服工具　　　　　365

说话　　　　　　　366

说谎　　　　　　　367

思维方式　　　　　368

思想家　　　　　　369

死磕　　　　　　　370

素养　　　　　　　371

算法　　　　　　　372

算账　　　　　　　373

损人不利己　　　　374

损失厌恶　　　　　375

T

讨好	379
提拔	380
提醒	381
体验经济	382
天才	383
天人交战	384
跳槽	385
跳船力	386
通感	387
同场竞争	388
童工	389
童年	390
投资	391
透明度	392
突变	393
土地	394
推己及人	395
退休	396
蜕壳	397
妥协	398

W

挖人　　　　　　401

完整意图　　　　402

玩具　　　　　　403

玩游戏　　　　　404

网络效应　　　　405

忘他　　　　　　406

威胁　　　　　　407

微粒社会　　　　408

伪装　　　　　　409

为己　　　　　　410

未来　　　　　　411

未完成的人　　　412

温和专制主义　　413

文盲　　　　　　414

文质彬彬　　　　415

文字　　　　　　416

问题陷阱　　　　417

无关　　　　　　418

无用之学　　　　419

误导　　　　　　420

X

希望　　　　　　　423

喜剧　　　　　　　424

下属　　　　　　　425

先发者　　　　　　426

相亲　　　　　　　427

想法　　　　　　　428

消费　　　　　　　429

消费主义　　　　　430

消投者　　　　　　431

小步快跑　　　　　432

小人　　　　　　　433

小说　　　　　　　434

小说家　　　　　　435

笑话　　　　　　　436

协作　　　　　　　437

写作　　　　　　　438

写作的基本原则　　439

写作焦虑　　　　　440

心法　　　　　　　441

心理医生　　　　　442

心灵事件　　　　　443

心流　　　　　　　444

新东西　　　　　　445

新技术　　　　446

新目标　　　　447

新闻　　　　448

信任　　　　449

信商　　　　450

信息　　　　451

信息茧房　　　　452

信息流　　　　453

信息文明　　　　454

信息优势　　　　455

兴奋　　　　456

行动　　　　457

行动基础　　　　458

兴趣电商　　　　459

幸福　　　　460

幸福和快乐　　　　461

休息　　　　462

休息方式　　　　463

修养　　　　464

选锋　　　　465

选择　　　　466

选择成本　　　　467

选择困难症　　　　468

选择权　　　　469

选专业　　　　470

薛定谔的猫　　471

学无止境　　　472

学习　　　　　473

寻常　　　　　474

训练　　　　　475

Y

延长线　　　　479

延伸　　　　　480

严厉　　　　　481

言必信，行必果　482

演讲　　　　　483

演讲稿　　　　484

宴席　　　　　485

养老院　　　　486

养育　　　　　487

谣言　　　　　488

一无所获　　　489

仪式　　　　　490

已知　　　　　491

以身作则　　　492

艺术　　　　　493

艺术史　　　　494

意见　　　　495

意见表达　　496

意外之喜　　497

意义　　　　498

意义感　　　499

意义资本　　500

阴暗面　　　501

银弹　　　　502

营销　　　　503

应该　　　　504

应聘　　　　505

映照　　　　506

用户抛弃路径　507

用户心智　　508

用心　　　　509

优秀的人　　510

游戏　　　　511

有趣　　　　512

有限　　　　513

诱惑　　　　514

语言　　　　515

育儿　　　　516

预测未来　　517

预期　　　　518

预制快乐   519

原创   520

原则   521

圆珠笔   522

远见   523

越级   524

运气   525

Z

宰相   529

赞美   530

赞叹   531

增量标准   532

增强回路   533

战略   534

找工作   535

照猫画虎   536

侦察兵   537

真相   538

争论   539

争议   540

证明自己   541

政治   542

支持系统   543

支教   544

知错能改 545

知恩图报 546

知人论世 547

知识服务 548

知识体验 549

职场 550

职场思维 551

职业 552

职业化人群 553

纸质书 554

指令 555

智慧 556

中国式父母 557

终身学习者 558

种子模型 559

轴承 560

主次 561

主导权 562

主张 563

注射式洗脑 564

专长 565

专业 566

转换 567

传记模型 568

准备   569

资源结构   570

自嘲   571

自己   572

自驾游   573

自拍   574

自我介绍   575

自省   576

自由选择   577

总结   578

组织   579

做事   580

我有一个启发   I

爱

有人说，如果你真的爱一个人，你的表现就是八个字，"很有时间，不怕麻烦"。真是让人拍案叫绝。

爱这个东西因为是主观心理状态，口说无凭，很难衡量。但是用时间和麻烦这两个维度，就能把它客观化。

你想，"时间"的弹性非常大。我们经常说，"没时间，没时间"，但扪心自问，我们真的是没有时间吗？对爱的人也没有吗？还有"麻烦"，也几乎有无穷的伸缩性。对于陌生人，抬抬眼皮都嫌麻烦，但对自己心爱的孩子，则可以无微不至。

用这两样弹性很大的东西来衡量爱的程度，真是再合适不过了。除此之外，所谓"我为你付出这么多""我这么辛苦都是为了谁"，都只是出于责任，而不是出于爱。

我们都可以拿"很有时间，不怕麻烦"这个标准来衡量一下，我们到底有多爱我们身边的人，不管是父母、伴侣，还是孩子。

爱好

人为什么要有爱好？有一个解释，说爱好最大的用处，是你可以通过它培养自制力。

比如，你突然爱上了钢琴。表面上，你是在上面浪费了很多时间和金钱，但是，钢琴会成为对你的约束：你要练琴，要专注，要在那个圈子的鄙视链里往上攀登。所以，当钢琴真的成为你的爱好时，你会有一项意外收获，就是你成了一个有自制力的人。这会帮你重塑自我，甚至会实质性地影响你的其他事业。

这个观点有意思，而且它也能帮我们判断，什么才是一项真爱好。比如有人说，我的爱好是电影和音乐。但如果你只是没事刷个片子，戴着耳机听个歌，这不是爱好，这是消遣。

爱好，不是你生命之外的东西，而是你费了很大力气才变成的你生命之内的东西。爱好，不会给你带来很多次愉悦，而会让你投入很多次自我约束。

爱情

亚马孙河流域的印第安人表达"我爱你"这个意思时是这么说的：我被你的存在感染了，你的一部分在我身体之内生长和成长。

这个表达很精准啊！**爱，不是我对你的状态，也不是你给我的感觉，而是你的一部分东西进入了我的体内，我在用自己的生命栽培它。**

这个意思，暗合了那句著名的诗，"我爱你，与你无关"。这也可以解释为什么维持爱情那么难了。因为你的一部分在我心里成长的样子、轨迹、方式，和你真实样子之间的差距难免越来越大。

其实什么不是这样呢？我们在这个世界穿行而过，各种各样的东西像微生物一样感染了我们，在我们体内生长。被什么感染，我们无法决定，但是它最终生长出来的样子，我们不仅要承担全部的后果，也要负全部的责任。

爱自己

有这么一句话：**"你怎么爱你自己，就是在教别人怎么爱你。"**

你整天把自己收拾得干净利落，别人才会想方设法夸你好看或者帅气。你爱读书爱思考，别人才会送你书，或者认真对待你的见解。你爱美食，而且有精深的研究，别人才会请你吃美食，送你好食材。别人爱你的方式，是由你自己决定的。

仔细想想，这其实是一个很颠覆的观点。因为我们是在父爱、母爱里成长起来的。**父母之爱的特点是，你缺什么，就给你补什么。而我们进入社会之后，情况就变了。在成人的世界里，自己没有的东西，别人也不会给。** 即使环境充满了善意、资源、工具，甚至爱，也是如此。这些东西，其实都只是"自我的放大器"。

所以你看，**所谓的缺爱，其实就是我们对自己还不够好。**

安全事故

一位电梯行业的朋友跟我讲，所有的电梯事故一定都是人为的责任事故。

为什么？因为电梯产品在设计的时候，就已经充分考虑到了各种各样的极端情况，各个方面的性能都留出了很大的安全空间，只要严格按照操作规程来，是根本不可能出事故的。他还跟我讲了德国人海恩提出的著名的"海恩法则"——每一起严重的飞机事故背后，必然有29次轻微事故、300个先兆，以及1000个事故隐患。

结论来了：第一，事故的发生是量的积累的结果，绝不可能是突发的，也绝不可能仅仅是一两个人的责任；第二，再好的技术，也无法取代人自身的素质和责任心。

所以，**如果一个社会安全事故频发，那就是这个社会到了一个特定阶段。在这个阶段里，人的素质赶不上技术发展的速度了。**

案例

我们公司的CEO脱不花带着一群企业家去德国游学，回来跟我们说，德国商学院的教授真要命，只讲理论，不举例子。

在课堂上巴拉巴拉说了一堆理论，只要你问他，能不能举个例子，他就又给你重复一遍理论。实在逼急了，德国教授就会告诉你，不能举例子。

因为例子都是以偏概全，每一个商业成功的案例，都忽略甚至主动遮盖了一部分条件，然后再告诉你一个简单的因果关系结论，这种结论是有害的。

想想也是，在中国的商学院里，大家最爱听的是故事。可是，一个商人可能会说他是多么智慧，但不会告诉你他在关键时刻走的一次狗屎运；一个企业家可能会吹嘘他是怎么通过改善管理方法大幅提升了利润，但不会告诉你那几年里这个行当的日子其实普遍都好过。

暗能力

著名学者吴伯凡老师讲过一个概念，叫"暗能力"。这个概念，我越想越有意思。

什么是暗能力？简单说就是，你做一件事，会培养出其他的能力，虽然这些能力眼下不能变现，但是也许未来有一天，你会凭借这些暗能力，找到新的业务和赛道。

所以，你看，个人改行也好，企业转型也罢，其实不是表面上的"改"和"转"，而是把原先就已经具有的暗能力找了个新的业务场景落了地。比如说，阿里巴巴弄了个"双十一"，那就需要应付"双十一"那天巨大的流量，所以网络技术能力就变得很强。这是一个暗能力，因为过了这一天就不太用得上了。但是，过不了几年，阿里一想，这个能力我可以对外卖啊，这是一个新业务啊——这就是后来的阿里云。

"暗能力"这个词，让我想到一句话，"所有的奇迹，其实都早有准备"。那么请问，你有什么"暗能力"呢？

奥卡姆剃刀原理

有一个词叫奥卡姆剃刀原理——**若无必要，勿增实体**。说白了就是，能简单，就千万别搞复杂。

很多人觉得很困惑。比如说一家公司的经营者可能会觉得，不是我想做得复杂，是确实有那么多事要干，只好多设岗位和部门，你这个奥卡姆剃刀原理不是废话吗？

唉，还真不是废话。这是一个特别重要的提醒。因为多增加一个部门或一个岗位，好处是看得见的，就是多干活了，但坏处是看不见的。比如，新部门会为了证明自己的存在而干一些没必要的事，甚至会为了增加自己的存在感而干一些坏事，而这些东西刚开始都看不见。虽然每一次增加复杂性都看似很必要，但是时间一长，就会导致系统本身的崩溃。

为什么一个公司规模扩大了效率都会下降？就是这个原因。

奥运会

听哲学家赵汀阳讲课，他说，古希腊人要是看到现代人的奥运会，一定会觉得这些人都是怪胎。

为什么呢？因为古希腊人的奥运会只是业余爱好，没有职业运动员。比赛项目也都是平时用得着的技能，比如跑步、标枪。运动员平时都做着各种有实际意义的工作，比赛只是为了显示人类的勇气。要是一个人连续两次夺得奥运会冠军，大家都会瞧不起他，因为他肯定是偷偷在家练这个项目了，没干正经事，胜负心太重。

而现代奥运会比的是人类实际上并不需要的各种指标，而且都变成了专业的。它不是在表现人的卓越，而是在表现训练系统的卓越。

所以你看，**人类刚开始确立一个目标，总是为了服务于人，但是时间一长，就容易变成人服务于这个目标，反过来扭曲人性。**

B

榜样

什么是榜样? 做得好、优秀的人就是榜样吗?

我看到一个有趣的说法。英文中"榜样"这个词是role model, 直译过来是"角色模型"。奇怪, 这个词没有优秀的意思啊? 那榜样到底是什么呢?

举个例子。一位女性在某个领域取得了杰出的成就, 成了榜样。这不一定是说我们都要向她学习——因为那个领域也许门槛非常高——而是说她开创了一种新的角色模型。以前, 人们总以为女性在那个领域做不好。而她的成功, 打破了这个旧模型, 制造了一个新模型——女性可以的。所以, 她成功的意义, 不是她优秀所以成功那么简单, 而是告诉所有人, 这条路是通的, 传统上认为女性不适合干, 是毫无道理的条条框框。

所以你看, 榜样的意义不是示范了一种成功的方式, 而是给了整个世界一种新型的勇气。

被迫选择

有位老师经常在网上写文章，为大家提供一些建议，比如该不该出国，该不该买房，该不该创业，怎么选工作，等等。

但是时间长了之后，他发现，道理翻来覆去就那些，答案也到处都能找到，大家为什么还是很焦虑呢？

他有一个洞察。他说，**我们过去都误以为大家需要的是更好的道理。其实不是，大家只是恐惧选择，或者更准确地说，恐惧选择之后要承担的代价。**他们反复纠缠道理，其实不是想要理性分析，而是希望能有一股外力剥夺自己自由选择的权力，给自己下达不容置疑的指令。这样做有什么好处呢？这样做，就可以逃离"我不知道该怎么办"这种状态，被迫选择之后就轻松了。

你看，都说自由是个好东西，但是自由也意味着承担后果。这是一个过于沉重的负担，我们一般人其实是承受不起的。

本分

有位中学老师告诉我，他的班上有个学生，无心高考，一门心思要搞自己的兴趣——天文学。

按理说，学生的兴趣，老师要支持，可是放弃高考的风险又太大。他问我，作为这个学生的班主任，他应该采取什么态度呢？

我的回答可能有点出人意料。我说："你得劝告他回到高考这条路上来，听不听是他自己的事。"老师说："这可能没用，那个学生的态度很坚决。"我说："有用没用，并不是我们做事的基本原则。"

为什么这么说？首先，一个真的要走自己道路的人，是不会因为他人的几句话就改变初衷的。其次，作为一名老师、一个年长几岁的人，他必须把学生选择的风险如实告之，这是尽本分。**任何人都不是他人的神，不能替他人做选择，但是诚实地给出自己的建议，大家各尽本分，就是最好的选择。**

闭环

著名教育家李希贵有一个主张。他说，作为一位校长，在学校里看到孩子违规违纪了，得绕着走。

奇怪，一般的校长看见了，肯定得叫住学生批评教育一下，为什么李希贵校长这么说呢？他的道理是这样的：教育是一个闭环过程。孩子犯了错，要经历"批评—表扬—激励—改进—巩固—养成"的完整过程，这样教育活动才算完成。如果校长看见问题，就当面指出，表面是为了孩子好，但是孩子就没有机会完成这个过程了。

那应该怎么做？正确的做法是，让离这个违纪的孩子最近的那位老师，比如班主任、年级主任，去处理这件事，这样才有机会完成整个教育的闭环。

你看，**在观念世界里，一个观点说出来了，这件事就完了。但是，在现实世界中，如果没有一个完整的闭环，就等于什么都没有做。**

变数

音乐家许可跟我们聊了一个有趣的知识。在听交响音乐会的时候，你会发现开场之前乐队都在调音，吱吱哇哇的一阵乱。那请问，调音是根据什么乐器来调呢？

答案是双簧管。为什么？是因为它音调准吗？恰恰相反，是因为它的音调不够准，或者说，它的音准表现很大程度上取决于演奏家本人。

你想，如果用钢琴这样的乐器来定音调，音准确实没有问题。但是双簧管那么好的表现力，声音一出来，音准又不是那么协调，整个乐队的协调性就要受影响了。

所以你看，一个团队里真正起决定作用的，不是名义上的领导，也不是那个最没有变数的人，而是变数最大的那个人。**真正的领导力，不是制定规则，而是让最不守规则的人的破坏力变得最小。更进一步地说，是让他不守规则的特性发挥出最大的优势。**

标准答案

在当前中国的社会环境里，你会发现有两类人是最焦虑的，一类是大学生，一类是初为父母的人。

一上大学，你会突然发现，学习好没有用了，你想有钱，想混得好，这些事和分数是没关系的。这算是第一次价值危机吧。而一旦有了孩子，就会迎来第二次价值危机。我们有一位深圳的用户老贺，他就跟我说，有了孩子之后，突然发现，人生幸福有很大一部分取决于孩子好不好，而这事和有钱没钱关系不大。

两次危机的实质，说白了，就是标准答案突然没了。争强好胜未必能挣到钱，有钱未必能有家庭幸福。

你可能会问怎么办? 既然问题的实质就是标准答案没了，那就没有人知道该怎么办。要不怎么能说是难题，让大家如此焦虑呢?

不干涉

我们经常会赞美爱的力量。但是说实话，年纪越大，我就越觉得其实**不干涉也是一种力量。适当的互相关爱和适当的互不关心都在推动社会进步。**

从个人层面来看，关爱他人的人，通常也会干涉他人，甚至强制性地推销自己的关爱。中国那么多家庭矛盾不就是这么来的吗？

从社会层面来看，这也不是什么奇谈怪论。当年亚当·斯密在《国富论》里就说，街角那个面包师为我们做面包，可没有一丁点的动机是爱的奉献，他就是为了自己挣钱，但客观上增进了大家的福祉。而且，越是到互联网社会，人和人之间互不干涉的好处就越大，因为个人的创造性造福他人的可能性更高。

和那些乐于奉献的人一样，做好自己的事，不干涉他人，让他人的创造力自由发挥，一样也是一个好公民。

不靠谱

有一个问题，可能是未来人类的核心问题，就是人和计算机的区别到底是什么。这个问题搞不清楚，或者如果答案是没区别，那计算机和人工智能迟早能替代人类去做所有的工作——人就没有价值了。

我听到一个简洁明了的说法：区别很简单，计算机永远也不可能生成一个随机数。现在计算机生成的随机数都是假的，还是有规律的，只不过那个规律极其复杂，你可以假装它是随机数而已。

这个说法推导下去，**和计算机相比，人的终极价值是什么？说得不好听，就是不靠谱；说得好听点，就是有想象力——人能够无中生有地想象一个东西，能够跳出所有规律做一件事情。**

过去我们总是强调一个人应该靠谱，这是为了能够和他人、和计算机连接。但我们还是得保留一点不靠谱的能力，这是为了不被他人和计算机取代。

不确定

很多人都说现在我们处在一个"不确定"的时代。"不确定"这三个字后面，其实藏了一座命运的分水岭。

有人遇事就会想，这件事不确定性太大，就算了吧。你看，人类的理性和预测能力在起作用了，但真实世界的故事往往是怎么发生的呢？

比如说，一个人干了一件事，虽然事情本身没成，但是他认识了几个新朋友，了解到了一个新机会。他尝试了新机会，也没成，但是掌握了一些新资源。他想用这些资源去干点什么，也不顺利，但是顺手掌握了一些新知识。看起来这个人很鲁莽，到处撞南墙，但每一次"撞"，总有一些意外收获。这些意外收获最后让他拼出了一条路。

所以，"不确定时代"，就是用来吓唬那些高度理性、没有100%的把握就不行动的人的。而对于行动者来说，本来就不需要什么确定性——他们的成功是用意外收获拼起来的。

不孝

"不孝有三，无后为大"这句话，几乎尽人皆知。那么，请问，不孝有三，另外两个不孝是什么？我也是读赵冬梅老师的一本书，才看到了原始资料。

东汉赵岐在为《孟子》作注时是这么说的："于礼有不孝者三事，谓阿意曲从，陷亲不义，一不孝也；家贫亲老，不为禄仕，二不孝也；不娶无子，绝先祖祀，三不孝也。"

这句话的意思是，**按照儒家礼法，下列三种行为是很不孝的：父母说什么是什么，不顾是非，一味顺从，让父母陷于不义，这是第一大不孝；父母都老了，家里很穷，可是不出去谋生活，也就是在家啃老，这是第二大不孝；第三大不孝才是没有后人。**

听到这套完整的解释，你会发现，中国古人关于不孝的定义，远比我们想象的更加通情达理。

才华

我看到一句话，说："**所谓的才华，其实就是基本功的溢出。**"

说白了，**才华这东西，不仅不独立存在，甚至也没有追求的必要。基本功一到，藏都藏不住，会溢出来的。**

你可以想一想，我们什么时候觉得一个人有才华？往往是他写出漂亮的文章，展现出亮眼的才艺时。但是，不用说，人家背后肯定是花了大量时间磨炼基本功的。大部分时候，这里面没有才华什么事，就是花了时间。你看，从外面能看到的让人羡慕的东西，换个角度理解，其实就是他内在修炼的结果。

这个句式，我还真看到不少。比如一个国家，其实没有什么文化输出，"所谓的文化输出，其实就是文化魅力的溢出"。再比如一个人，没有什么财商，"所谓的财商，其实就是一个人的认知能力在财富上的展现"。

参数调整

有一个概念叫**"参数调整"**，说白了，**就是从根本的目标和模式上重新思考手头正在做的事。**

每个人调参的方式各有不同，也没有什么优劣之分。**我自己经历的最重要的参数调整，是从目标优先，切换到人的感受优先。**

原来年轻的时候做事，把事做成，这个目标很重要。至于对人好，要么是出于本能和教养，要么就是出于把事做成的需求。而年岁渐长之后，我知道了，自己的生命不是被目标滋养的。目标这个东西，一旦达成就没价值了。而一同做事的人，他们的成长，反过来会一直滋养我自己。

所以，同样是做事，怎么能让同事、合作者、用户、旁观者等所有人在这过程中有掌控感，在事后有收获感，就变成了优先级更高的事情。当然，这就需要考虑更多的界面、更深的层次，所以也就是更大的挑战。

C

产品化

我的一位同事读了一本讲美国智库的书，然后跟我讲了其中的一个细节。

过去美国智库写一份报告，厚厚一沓，不是专业人员根本看不完。后来，报告的篇幅要求变了：一份报告必须控制在议员们从国会山坐车去机场的路上就能看完的长度。这就是有用户意识了。而到了特朗普执政时期，一份报告只能是一页纸的篇幅。你可能会问，这样的话，服务品质会不会下降？我觉得不会，这是一个产品化的过程。

一个产业在其早期，往往是按照自我的逻辑在发展，看什么都不可或缺。随着竞争越来越激烈，产业才不得不自我约束，生产出更符合用户使用习惯的产品。这就是产品化的过程，往往也是创新者的机会。

比如，过去的电视遥控器上有密密麻麻的按钮，大多数人都搞不清它们的用途。现在的很多遥控器就简洁多了，还有能语音控制、手写输入的。你看，你不用重新发明电视，就有把电视进一步产品化的机会。

长期主义

很多人都感觉，得到 App 里面的《跟华杉学品牌营销·30讲》这门课，不只是在讲品牌，更是在讲一种系统的企业观。

我看到一位用户对这套企业观的总结。他说，其实华杉教给我们的是看问题的两个视角。

第一个是成本视角，这是一个用来向外看的协作视角——反复问自己，我所做的事情，是不是降低了交易的成本，让别人更容易与我达成协作；第二个是投资视角，这是一个用来向内看的成长视角——也是反复问自己，我所做的事情，是不是沉淀进了我的品牌资产账户，从而可以有长期的复利效应。

请注意，想要拥有这两个视角并不容易。为什么？因为这两个视角的背后其实是一种心智模式。就是**不管我当下在做什么，我都考虑这件事的长期影响**。很多人都在问，什么是长期主义？这就是长期主义。

长寿

有这样一个健康观念，说老人长寿的一个重要条件是生活有盼头。

这个说法其实不像表面看上去那么简单，好像有盼头，心情就好，所以身体就好。它说的是，**在真实有效的社会协作网络之中，人才会有压力，才会调动起全部机能应对挑战。有盼头是一个心情上的结果，身体和精神能力的有序调动才是根本的原因。**

但中国老人的一个大问题，就是对集体生活比较依赖。一旦退休，就等于退出了社会协作。这时候生活很容易失序，最后导致身体出了问题。这就不是简单地靠锻炼、养生、娱乐能解决的问题了。老人最好能重新参加某种社会协作，比如参加点公益活动、学个小手艺、跳广场舞，等等。

人说到底是社会动物，不丧失社会性，才是我们保持良好状态的根本。

长远目标

有朋友指点我去看《西游记》当中的一个段落，不是什么降妖除魔的段子，而是孙悟空给菩提老祖当学生的那一段。

菩提老祖说，我这里学问太多了，光道门中就有360旁门，每个旁门都能成正果，你要学哪个？不管菩提说哪一门学问，孙悟空都要反问一句，学这个可得长生吗？我可以长生不老吗？菩提只要说不能，孙悟空都摇头摆手，不学不学。

这段看得我乐不可支。最没长性的猴子，都知道盯死一个长远目标，不受眼下好处的诱惑。回想我们当下创业、做事，其实也一样。比如我，就有一个心法，就是做任何事之前，先想二十年之后这件事应该长成的样子。今天做的事，只不过是为那个目标添一块砖瓦而已。

对，**只有长远的目标值得盯死，只有这个长远的目标能够衡量眼下一切的价值。**

常识

我的同事李南南老师跟我讲了一个有趣的知识。你知道森林里最容易引起火灾的是什么吗？是烟头吗？纸片吗？塑料袋吗？都不是。是有人随手扔的没喝完的矿泉水瓶。

为什么？因为瓶子里有水，矿泉水瓶就变成了一个凸透镜，阳光就被汇聚在一起，把树叶给点着了。这个知识点挺有意思的。你想，有人喜欢随手扔矿泉水瓶，这个我们知道；有水的矿泉水瓶就是个凸透镜，这个我们也知道；凸透镜能把树叶点着，这个我们也知道。我们全都知道，但就是不能把这些常识联系到一起。把常识联系到一起，就会产生一个新知。

但再深想一层，常识也会限制我们的思考。就拿上面这个知识来说，常识告诉我们水能灭火，所以我们不会联系到跟水有关的物品能引起火灾。

你看，**串起新知的，是已有的常识；阻止思考的，也是已有的常识。**

场景

据说，美国一家著名的营销公司在推销自己的服务时，经常会问客户一个问题：如果你想在一家电影院多卖出一些可乐，你会怎么做？是放可乐的宣传片，还是多放自动售货机？是降低可乐的价格，还是想一句很牛的文案？

答案是，都不对。这些都是20世纪的广告公司能想出来的主意，并不能很好地解决多卖的问题。那该怎么做？

这家公司说，你只需要把电影院的空调温度上调几度，可乐的销量噌噌地就上去了。这家公司想表达什么呢？它想说的是，这个时代，想改变人的行为，重要的已经不是直接的宣传，而是创造气氛和条件，然后用户就会自动地向着你设定的目标前进。

这是一个很重要的提醒：**我们生活在一个供给过量而消费不足的时代。消费的启动，不仅需要产品好、价格低，还需要你能启动一个场景。**

敞口

职场里的领导该怎么判断新来的下属是不是靠谱？我听到一个方法，很简单，就是让他去干一件在时间上敞口的小事。

小事，就是不太难，人人都会做的事；时间上敞口，就是没有硬性的时间要求。比如说，让他去研究一个公司或者一个项目，然后绝不主动去问他这件事的进度，看他的反应。如果他能在你预期的时间内给出结果，而且结果还不错，那这个人大体上就是靠谱的。

你想，结果不错，证明他有基本能力。但更重要的是他能在预期的时间内给反馈，就证明他能在任务和结果之间完成闭环。这在职场上是很重要的品质，仅此一点，就胜过了很多人。如果更进一步，他在反馈结果的时候，还能呈现出系统的方法，那这就是他的加分项了。

你看，这就是职场里判断一个人的大秘密：获得机会，全看小事，而不是大事。

称职

我说过，一个职场白领，尤其是管理者，是不是称职，就看他能不能随时随地搞清楚三个问题：第一，我的目标是什么？第二，我准备怎么来达成这个目标？第三，我需要找谁、让他给我什么支持？

有人听了，就觉得有点慌：要是搞不清楚该怎么办？

这好办。第一，搞不清楚目标，就去找自己的领导聊。实在聊不清楚，就让领导给自己定一个目标。第二，搞不清楚方法，就去同事那里找，去同行那里找，去书本那里找。找来的方法不完全适用，没关系，先僵化地学，再根据效果去优化。第三，搞不清楚该找谁、让他给什么支持怎么办？刚才那两条，不就是找人、找支持吗？

所以，**所谓工作能力强，不是什么都会干，而是每时每刻都能分清主次。不管大事小事，都能从目标到方法再到资源，按照这个次序去思考。**

成熟

有一次和朋友讨论，什么是一个人成熟的标准。朋友说，很简单，就是老话说的那两句，假话全不讲，真话不全讲。

你别看这两句话很简单，其实它们包含了三层复杂的意思。

第一，能分清事情的真假，这就已经不简单了。很多人岁数挺大，但基本的是非还搞不清楚。所以，这是一个人智力成熟的标志。第二，假话全不讲，这意味着一个人有底线，有持守，有担当，不过线。这是一个人在伦理、节操上成熟的标志。第三，真话不全讲，什么话该讲，什么话不该讲，这个分寸的拿捏是极难的。所以，这是一个人在情商上成熟的标志。

假话全不讲，真话不全讲，有智商、有操守、有情商，如果再加上一点教养，这个人就可以说是成熟了。

城墙

一位研究冷兵器战争的朋友讲了一个有趣的知识，就是城墙到底是干什么用的。

守城者是在城墙上居高临下，用滚木、礌石防守吗？不是。冷兵器战场上，其实拼的不是力量，而是士气。有句话叫"兵败如山倒"，一千人组成的士气高昂的队伍，完全可以屠杀几万人的士气崩溃的军队。所以，城墙本质上是防守者士气的保证。

历史上，真正的防守战往往是倚城而战，就是军队开到城外，和敌人开打。我方知道自己还有后手，大不了退回城内，敌方知道很难消灭我们，在士气上就拉开差距了，我方更容易赢。这才是城墙真正的价值。真要演化到城头争夺，那我方的士气反而就濒临崩溃了，其实很难守得住。

所以你看，**一件东西，不是在用到它的时候才体现出用处的，而是从它在心理上起作用的那一刻起，就已经开始有用了。**

C

吃苦

在网上看到一个关于"吃苦"的新定义，很有意思。

一般的理解，吃苦就是受穷，或者是受累。但那是匮乏时代的概念。**在丰裕社会，吃苦的本质变了。变成了什么？变成了长时间为了一件事情聚焦的能力。这意味着我们因为要长期聚焦一件事，将放弃娱乐生活，放弃无效社交，放弃一部分消费，甚至还要在这个过程中忍受不被理解和孤独。所以，这个时代的吃苦，本质上是一种自控能力。**

你看，吃苦，不再是一个阶层分割的概念，不再是因为贫富差异而不得不被动承受的一种状况。吃苦，真的成了突破阶层、维持阶层的一种主动的方法。

如果你希望自己的孩子能吃苦，再也不意味着要在物质生活上克扣他，而是意味着你希望他能在一件事情上长期坚持，直到有所成就。

冲突

为什么人和人之间会有冲突？而且经常是为了鸡毛蒜皮的小事，经常发生在至亲至爱的人之间？

心理学博士陈海贤老师解释说，如果有一件事，你正在犹豫不决，这时候你身边的人告诉你应该怎样，你可能反而就想着偏不怎样。比如，你正在打游戏，犹豫要不要去帮老婆带孩子，但老婆一叫你，你反而特别光火；你本来犹豫要不要结婚，但老妈一催，反而让你很排斥，没准儿还会吵一架。

为什么？这是因为，**人内心冲突的痛苦程度，要比外在的人际冲突更剧烈。为了回避内心的痛苦，我们就把它转换成了人际关系冲突。这样一来，我们就能逃避自己的选择——都是因为别人的错嘛，于是自己就心安理得了。**

所以你看，本质上，我们不是和别人有什么冲突，我们只是待在犹豫中不肯出来而已。

重复

去饭店吃饭时，商家提供的免费 Wi-Fi 往往会有密码。这是商家想让顾客记住点什么的机会。

密码一般有两种，一种是饭店的电话号码，还有一种是饭店名字的全拼。哪一种好？当然是后者。

为什么？你想，用电话号码，你能指望顾客通过输入一次就记住这个号码吗？不可能，现在谁还记号码？而饭店的名字就不一样了。顾客原来就知道，现在再输一遍，又加深一遍记忆。更重要的是，通过他自己手动输入一遍，这个名字和顾客的身体会产生一次深入的连接，从此双方的关系就会更近一层。

这里面涉及一个重要的传播策略：**永远不要指望陌生人记住什么，我们能做的，只是重复。**要么重复他已经知道的信息，比如上面这个例子；要么就是给他一个信息，然后不断找机会重复，比如电视广告。

仇恨

作为一种情绪，仇恨是我们祖先在进化过程中形成的一种必要的保护机制。就那么一口饭被你吃了，就那么一个长相好看的姑娘被你抢了，能不恨吗？不恨怎么能激发出全部的体能和你搏斗？

但是请注意，**仇恨的基础，是零和博弈的社会形态，是资源极度匮乏的自然现实。而到了今天这个丰足的社会，仇恨不仅不再是一种保护机制，反而成了阻碍个人成长的一种情绪。**

设想一个情景，你的老板欺负你，逼你加班，还拖欠工资，各种不公平对待你。最明智的做法是什么？是原地不动，用仇恨跟他搏斗，还是不跟他纠缠，立马拍屁股走人，寻找未来的增量？答案不言而喻。

怀有仇恨，在今天这个时代，已经不是个人修养问题了，而是一个智力上会不会算账的问题。

c

出名

当年出演央视版电视剧《西游记》玉皇大帝这个角色的演员，后来接受采访时说，特别后悔演了这个角色。

为什么？不是因为演得不好，而是因为演得太好了，以至于后来很多冥币，就是纸钱的制造商，都把他的头像印在了冥币上。你想想看，这位演员的心理阴影面积有多大？

这不仅是一则趣闻，其实也是我们这个时代的一个隐喻。很多人都想出名，但是出名的结果是什么，他们往往没有深想。**出名的代价之一是，一个人脱离了本来的社会角色，成为公众想象空间里的一个角色，而公众怎么使用这个角色，其实自己是控制不了的。**这么说吧，成为公众人物之后，你就等于有了两条命，其中有一条自己说了不算。

所谓命运给我们的所有礼物，都暗中标好了价格，就是这个意思。

传播

有一次在厕所里看到一个金融产品的广告，我心里想，坏事了，这个产品麻烦了。

为什么？很多人都以为，做广告嘛，只要产品信息能和潜在客户接触就行。剩下的就是算覆盖人数、转化率，等等，是纯粹的数学问题了。

这么想，其实忽略了两个重要的问题。**第一，可信任的程度决定了产品的再传播效果**。你想，在厕所里看到一个金融产品，这对它的可信任程度是加分，还是减分？**第二，品牌的本质不是你说了什么，而是你和什么东西在一起。**

当一个金融产品是和上厕所的体验一起被记住时，品牌多少就会搭载上一些别的东西。

很多人问我，怎么在互联网时代搞传播。我通常都会反问，你想想，在没有报纸、广播、电视的时候人们怎么搞传播？

传统

一般有个共识，就是日系车的动力不如欧洲血统的汽车，但是在内饰和乘坐的舒适度上又比欧系车强。

不过，当真是日系车的动力技术不行吗？日本的汽车工业那么发达，不会连这个问题都解决不了吧？

日本设计界有一个大神，也就是无印良品的设计总监原研哉，他对这个问题的分析很有意思。他说，**在欧洲人眼里，车是由马演化而来的，所以当然专注于它的动力性；而在亚洲人眼里，车是由轿子演化而来的，当然专注于它的舒适性。刚开始只是文化上的一点点偏好，但最后演化成了整个制造体系的一个特征。**

你看，传统上的一点源泉最后会在时间的作用下汇成无比丰沛的潮流，不管你愿意不愿意，它都在极大地影响着你。

创新

关于创新，我们通常有一个看法，就是年轻人是创新的主力军，而年长的人往往会倾向于因循守旧。但是一位好莱坞制片人谈到了另外一种可能。

在好莱坞，年长的导演反而更有胆量去创新。比如，导演李安，六十多岁了，还敢尝试用最新的120帧电影技术拍那部《比利·林恩的中场战事》。在票房上，这部片子应该算失败了。但是没关系，李安的历史票房成绩好，投资方会继续大胆支持他。所以，他可以不断尝试新手法、新技术。

设想一下，如果换成一个初到好莱坞的年轻人呢？那就不行了。一旦因为大胆创新，搞砸了一部片子的票房，他在这个圈子里就没法混了。所以，好莱坞的年轻人反而只敢循规蹈矩。

所以你看，**创新和年龄没关系，创新只和创新环境本身有关系。**

创作

一位大师在上钢琴课时说，弹琴的时候，你要能同时扮演三个人。

第一个人，在弹奏之前就能听到声音，可以提前听到最理想的版本。请注意，是在弹出每一个音之前就听得见。第二个人，就是实际上去弹奏的那个人。而第三个人，是一个坐在很远的地方，简单倾听的人。钢琴演奏的过程，就是第三个人如果没有听到第一个人预期听到的东西，第二个人就得做出调整的过程。

这是一个很有趣的说法，因为写作也是一样的。在下笔之前，就应该想象出自己要写的东西大体是什么样的，而一边写，还要一边能想象一个陌生的读者阅读时的感受，然后还能指挥那只正在写作的手把它写出来。

你看，**所有的创作过程，其实都是这么一个把自己的想象世界和用户的感受世界缝合起来的过程。**

辞职

中国人常讲，知错能改，善莫大焉。其实不是所有的错误都有改善的可能。

有位朋友问我，单位太烂了，他一直想辞职，不过新近来了一个领导，看着很有能力的样子，要不要等等再说？我的建议是这样，你要观察一下，这个单位面对的是局部性危机，还是系统性危机。

所谓局部性危机，就是因为个别人犯错导致的问题，这是可以通过改正错误纠正的。而系统性危机就不一样了，在这个系统里每解决一个小问题，都会释放出一个更大的问题。 换句话讲就是，不折腾很糟糕，但是越折腾越糟糕。

那怎么知道这个单位是不是面临着系统性危机？很简单，如果新领导的新举措大家都觉得正确，但是却带来了始料未及的坏结果，那就是面临系统性危机了。这时候就应该赶紧辞职，不要犹豫。

存量

汉代有叔侄二人，疏广和疏受。他们当了一辈子官，最后告老还乡的时候，皇帝赏赐了他们很多黄金。

回到山东老家之后，他们就天天把黄金分给亲族故旧。有人问，你们怎么不留给子孙呢？这两位说了一句很牛的话，子孙"贤而多财，则损其志；愚而多财，则益其过"。意思是，我们子孙要是很贤德，有这么多钱，会磨损他的志向；如果很愚蠢，有这么多钱，会让他做更多的错事。

其实这句话，就是我们经常讲的"所有的存量都是毒药"。

脱不花是疏广和疏受的山东老乡，她就经常讲，**对于一家公司来说，过去的成功经验不是什么好东西。公司发展好的时候，损其志，它让你不创新；公司发展不好的时候，益其过，它让你犯更多的错。**

挫折

有一次，在中国传媒大学做校园招聘，有位同学问脱不花：
"你们这几年，从外面看起来顺风顺水的，有没有遇到过
什么挫折？"

脱不花说："挫折，这个词对我们好像不太适用。**在学校里
考试不及格，在体制内没当上官，这都叫挫折。但是对一
个创业公司来说，只有一种东西，叫待解决的问题。**"

是的，对创业公司来说，挫折这种东西不仅有，而且每天
层出不穷。有的解决得了，有的暂时解决不了，这是创业
公司生存的状态。

但是我们永远不会把对外解决问题的心态，转化为一种对
内自我伤害的情绪，那样才叫挫折。

错误认知

很多年前，我在一家大学的影视艺术专业当老师，遇到一名一年级新生，是个女孩，看样子应该是偏远农村出身，长相也非常普通。

当年，影视专业是很时尚的，她的同班同学一般都是城里孩子。我就问她，你为什么要报考这个专业？她说，在我们山里，我觉得最牛的职业，就是来村里放电影的，我就想将来自己也放电影，所以就考来了。

当时我就心想，坏了，悲剧啊。她自身条件一般，加上这种错误认识，将来在这专业咋会有前途？后来的事实证明我错了。这个女孩现在不仅还在影视行业里，而且发展得还不错。

这件事让我反思，**认知错误，并不见得是行动失败的原因。如果一个错误的认知，能点燃一个人的希望，让他开始行动，从长远来看，其实是一种莫大的幸运。**

打卡上班

有个朋友对我讲，现在判断一家公司的管理水平是不是跟上了互联网时代，有一个标准，就是是否还在大面积地使用打卡机。

这个标准简单粗暴，但往往又很说明问题。我问为什么。他说，使用打卡机，说明公司用工资买断的是员工的工作时间。但是在移动互联网时代，最不可控的就是时间。每一个人的时间都被微博、微信、短视频、游戏切成了碎片。一个人只要有一部手机，你就基本没办法管理他的时间——他完全可以出工不出力。

更重要的是，**打卡上班，说明这家公司的经营效率还建立在公司组织内部的协作上，这明显是背离时代趋势的。现在的趋势是，员工有越多的时间在和组织外的资源进行协作，公司的效率才越高。**

要做到这一点，对员工的时间管理就必须放开，就必须放弃原有的规则体系。

大脑

有一个研究脑科学的朋友跟我说，**大脑是人一生中变化最大的器官。你每经历一件事，大脑不仅在处理这件事，还要根据处理结果，改变大脑本身，加强这部分神经回路的发育。**

也就是说，你长期那么想问题，就真的只能那么想问题了——大多数人是没有能力改变思维习惯的。而大脑发育的方式，就是不断地把你需要去想的事变成不需要去想的事，就相当于我们把电脑的软件固化为一个硬件，这样运行效率要高得多。

比如骑自行车、游泳，刚开始都是要学的，一旦学会就不用去想了，那组动作就变成自动完成的了。理解了这一层，就知道最好的学习方法和行动方法是什么了。

在学习上，就是要多掌握概念，那是被封装好的信息，可以大幅度提高学习效率。在行动上，就是要多培养习惯。

大学

在做哈佛商学院的一门课程时，我们一直在思考一个问题：大学为什么不死？

人类的各种组织形态，都非常容易解体，比如很少有一百年以上的公司；而到处都是几百年历史的大学，比如哈佛大学有将近四百年的历史了，咱们也想象不出来哪天哈佛突然没有了。

为什么？我们自己的思考是，因为大学是一个非常纯粹的价值创造者。第一，它创造新的知识。第二，它扩展新的关系，比如教师队伍、师徒关系、校友关系，等等。第三，创造新知识有助于扩展新关系，反过来，扩展新关系也有助于创造新知识。

这整个过程，没有零和博弈，没有恶性竞争，是纯粹的社会价值增量。所以，大学不死。而所有想长命百岁的公司，没准也可以从中得到启发。

代理变量

经济学家何帆老师说过一个词，**"代理变量"**。

什么意思呢? **就是你看不清楚一件事，也没有可靠的数据，那就找一个其他的数据，间接地了解真相。**

比如说，你想了解广东农民工的就业情况，可是这个市场没有任何可靠的统计数据，那怎么办? 你应该去农贸市场了解辣椒价格的行情。因为广东的农民工基本来自湖南、江西、四川这些地方，爱吃辣椒，而广东本地人反而不怎么吃。如果辣椒行情看涨，就说明当地经济形势好，用工需求扩张，很多农民工都过来找工作了; 如果辣椒行情看跌，那结论就相反。

在现实生活中，很多表面上的数字其实并不可靠。因为那些公认权威的数字，容易被各方面的力量影响，甚至造假。而这些间接的代理变量，反而更为可靠。

道德绑架

我书房窗户的对面是一所小学，每到放学的时候，整条街就堵得水泄不通。因为各种接送孩子的车辆都趴在学校门口，像钉在阵地上的英勇战士，不听到集结号决不后退，导致其他过往车辆没有办法通行。

有一次，一个过路司机终于忍不住了，跑到前面一辆车旁敲窗户，想让他往前开。可是，只见前车司机义正词严地狂吼道："我在接孩子！"接下来这场吵架的基本格局就是，后面的司机各种抓狂各种辱骂，前面的司机只有怒吼的一句，"我在接孩子！"

咱们不说这里面的是非，是非是很清楚的。奇怪的是，怎么有人觉得一旦在道德上立得住脚，就可以破坏任何人和人相处的规矩？你接孩子，你就占天大的理了，你就可以破坏交通规则了？

道德这个东西，用于自我约束是好的，用于向他人秀优越感，甚至是强制影响他人，就是世界上最糟糕的东西。

道歉

做错了事的人经常会说一句话:"我已经道歉了,你还要我怎样?"那接下来的回应,只能是那句了:"如果道歉有用的话,要警察干吗?"

这好像是一个道歉诚恳不诚恳,和被道歉的人胸怀宽广不宽广之间的矛盾。这让我想起作家万维钢老师讲过的一个观点,什么叫道歉?不是"对不起""我错了""我下次不了"。这种道歉,其实很不好。好像对方不原谅我,就是不宽容。那这种道歉还有什么价值?简直就是对对方的一种操纵。

真正的道歉应该是什么样的?至少应该包括三个要素:第一,说明自己的错误;第二,说明自己的改变;第三,把是否原谅自己的决定权交给对方。

你看,高水平的道歉,不是一个和对方和解的过程——那不是自己能决定的。高水平的道歉,是一个自我人格完善,并且被对方看见的过程。

得体

一个人变成熟，最难过的一关是什么？我觉得是他的处世原则从正确变成得体。

无论什么情况，这事都是对的，这叫正确。但是到了成人世界里，学会根据情况变化来做行为上的变通，这叫得体。

比如有一次我听蔡康永说到一个例子。如果你遇到一个半熟不熟的人，人家跟你打招呼说，最近挺好的吧？你回答说，不好，我刚检查出得了很严重的病。人家跟你又不是很熟，你这么一说，对方肯定张皇失措。他总不能说，那你好好保养，然后转身就走吧。他得想办法安慰你。可安慰于事无补，你又没有什么明确的求助，这不是让人家为难吗？

所以，这样的回答可能很诚实，但是确实很不得体。

迪士尼

有一个在迪士尼工作过的朋友说，**像迪士尼乐园这样的体验型服务业，真正的难处不在于什么笑脸相迎、热情周到，而在于体验逻辑的一致性。**

比如说，在迪士尼乐园里，你永远不会看到扮演米老鼠的人把头套摘下来，因为它是米老鼠，不是一个人戴着一个头套。你也永远不会听到米老鼠说话，因为电视里米老鼠说话的口音是固定的，不是既有南腔，又有北调。

再比如说，夏天，一个小孩把一支冰激凌递给米老鼠，然后就跑去玩了。小孩一会儿再回来找米老鼠要冰激凌，这支冰激凌肯定化了吧？不会的，米老鼠会给他买一支新的。这不是在补贴用户，这只是在维持孩子心中的逻辑一致性——在米老鼠的童话世界里，冰激凌是不会化的。

你看，体验质量的提升，不体现在单点的改进，而体现在所有体验点之间互不矛盾。

底线

有一个词，叫"不带敌意的坚决"。我越琢磨越觉得这是一个很高的境界。

没有敌意情绪，这个好理解，从小爹妈老师都是这么教的。但是在没情绪的同时还能保持底线，这就难了。

就像一个实验证明，最好的博弈策略，既不是一味地当坏人背叛，也不是一味地当好人合作，而是一报还一报。也就是说，我开始总是选择善意合作，但如果遭遇背叛，我就还击；如果你转而合作，我也好好合作。无论环境多复杂，这个策略总是胜算最高。

为什么？因为你把底线告诉了所有人，我不欺负人，但是谁也别欺负我。欺负我的成本肯定很高，谁也别抱侥幸心理。

第七感

何帆老师推荐过一本书,叫《第七感》。

"第七感"这个词很新鲜。前六感,我们都知道了,是视觉、听觉、嗅觉、味觉、触觉和超感官知觉。**第七感指的是什么?指的是对相互连接的世界的感知力。**

比如我们用鼠标,就是通过一种外部的连接器,实现对世界的感知。再比如说,银行家看到一个钱数,马上就能思考怎样优化金融交易;搞制造业的人看到某个产品,马上就能知道它需要什么样的供应链和大致的成本;创业者看到一个现象,马上脑子里就能蹦出一个需要协同很多人的商业解决方案。所有这些对连接的想象力、判断力和控制力,都是第七感。

尼采说,人类只有具备第六感,才能在疯狂的工业革命中生存下来。现在恐怕是一样的。只有具备第七感,我们才能在这个网络连接大时代中生存下来。

D

电梯效应

为什么我们很难想象未来社会的真实样子？

科幻小说家阿西莫夫有一个理论，叫"电梯效应"。大意是说，如果给一位一百多年前的科幻作家看20世纪曼哈顿摩天大楼的照片，他会觉得，人住在这样的高楼里面，上下楼会很困难。所以他就会假设，每个楼层都会发展出独立的经济体系，几层楼的人共享一些餐厅、理发店、健身房，等等。那房价呢？他也会想当然地以为，底层因为出来容易，房价肯定要比顶层高。

按照这个路数，作家越想越细，但是和未来的真实场景差得就越远。为什么？很简单，他没想到未来会发明电梯，于是这些想象全部变得很荒谬。

所以，**想象未来最大的困难，不是你有没有想到一些细节，而是缺了对关键技术的想象**。细节越多，错误也就越多。

丁克

现在有很多丁克夫妻，不生孩子。这个无可厚非，个人选择而已。但是，有一个观点说，丁克不能是夫妻双方的决定，而应该是妻子单方面的决定。

为什么？因为在生孩子这件事上，男女是不对等的。男性年轻时不想要孩子，但是等年纪大了，比如五六十岁，甚至更大年纪，还是可以退出这个约定，离婚再结婚生孩子。说白了，男性是可以反悔的。

而女性就不同了，年轻时决定丁克，到了一定岁数之后，就真的没有生育能力了，这是一个无法反悔的决定。所以说，丁克必须是女方坚定的选择，而不是什么夫妻双方的共同决定。

这个说法有道理，它符合经济学的逻辑。**在平等的关系里，一件事情的决定权应该交给谁？谁的退出成本最高，谁最不能反悔，就应该交给谁。**

定规则

百姓网CEO王建硕的一篇文章说，**定规则的时候，与其注意表述的严谨，不如注意它是不是好理解、好执行。**

举个例子。飞机起飞的时候，乘务员总是要求大家把电子设备关掉。这就有歧义：电子表算不算？助听器算不算？心脏起搏器算不算？在美联航，乘务会加上一句：如果您有任何带开关按钮的设备，请把它调整到关闭的状态。你看，虽然啰唆，但是非常好理解、好执行。

还有一个例子。到其他国家旅行，旅客过海关的时候往往被要求，将食品和药品拿出来检查。那问题来了，茶叶算不算食品？口香糖算不算？所以，有一个笨办法，就是要求旅客把所有可以放到嘴里的东西都拿出来检查。虽然这个划分宽泛了一点，比如说把假牙也划进去了，但是这个标准大家一听就懂。

所以说，一个更好理解、更好执行的标准，才是好规则的样子。

定位问题

听一位老师讲课，他问了一个女生一个问题："如果你老公和你闺蜜同时掉进水里，你先救谁？"那个女生犹疑了一会儿说："救我闺蜜。"我估计她内心挣扎了一下，公开说救老公显得太自私，所以选择了救闺蜜。

但这时老师却说："你怎么不想另外一个问题呢？你老公和你闺蜜为什么会同时掉进水里？这背后会不会有什么故事？这个故事要是追溯清楚了，没准儿你一个也不想救了呢！"

这当然是个玩笑。老师举这个例子是想说明，**绝大部分人做事的时候，本能反应都是，一出了问题，马上就想着怎么解决这个问题，这都是应激反应。而只有很少的人，首先想到的是去定位问题，去追问问题背后的问题。**

你看，世界总是给我们出选择题，想让我们在两难之中选一个。而我们要想在这场考试中得高分，最重要的是先问一问，我们为什么要做这样的选择题？

动词哲学

赵汀阳老师在学生毕业典礼上发表了一段讲话。

他说，我有一个理论叫"动词哲学"。简单说就是，**要拒绝名词的诱惑，不要试图去成为一个名词——无论多好听的名词，而要去成为一个动词。**"你们年轻人有的是时间，所以你们可以成为很多的动词。"这个跟学生讲话的角度真好。

其实成为名词，还是成为动词，都在自己的一念之间。比如说，我认为自己是个爸爸，那就有对孩子的责任，但是难免也会感觉有支配孩子的权力。活在名词里，很容易给自己一个想当然的暗示，以为自己真的拥有什么。而换成动词就好多了，比如支持、陪伴或者是照料孩子的成长。用动词来描述自己的角色，会让自己目标明确，而且活得有活力。

无论你觉得自己是一个白领、商人、学生，还是干部，你都可以试试给自己换一个动词，会有很奇妙的效果。

动机分化

历史学者薛涌老师有一个说法，说教育竞争的实质是"动机分化"。这个词用得有意思。

过去我们对教育的理解是，把人类的存量知识，尽量原封不动地转交给下一代，别让那些圣人的教诲、牛人的智慧失落了。所以，教育不需要动机分化，你只需要有一个动机，就是"好好学习，天天向上"，争取做对社会有用的人。

但是，现在呢？教育的使命变了，这一代人根本不知道下一代人会学到什么知识，又会遭遇什么挑战。而且说实话，未来知识负担那么重，一个人如果不是真有这方面的天分，也很难有所建树了。

所以，教育的使命，**就成了尽可能激发每一个人的潜力，帮助他们找到自己的学习动机，也就是天分和兴趣所在，分头突围，应对各自的人生挑战。**所以才说，教育竞争的实质是"动机分化"。

D

动机落差

关于社会阶层是不是固化了的问题，有人说，寒门再难出贵子，也有人说，创业改变命运。那阶层到底是不是固化了？

《世界是平的》的作者弗里德曼提出过一个新视角：现代社会讲自由平等，阶层不应该固化，但是有一个落差——工具落差。

比如你会用电脑，其他人不会；你会使用金融工具，其他人不会。使用什么工具，决定你处在什么社会阶层，所以新的阶层固化又形成了。可是现在工具越来越普及，连非洲的穷人也可以用上手机了，工具落差快要消失了。

但人类又进入了一个新的落差时代，叫"动机落差"。**拥有自我驱动力的人，可以利用非常便宜的工具进行学习、合作和创新**。没有这种强烈动机的人，拥有什么资源都没用。所以，新的阶层固化又来了。**自我驱动，决定命运；动机落差，决定阶层。**

独当一面

有一位会计师，原来在会计师事务所工作，专业水平公认很高。

后来有家公司请他去当高管。因为没有经验，所以他就问脱不花，当高管和干专业工作有什么区别。脱不花说，干专业工作，衡量你价值的是你的专业水平；当企业高管，衡量你价值的是你把一摊事接走的能力。

什么意思呢？**专业人员，本质上是大协作系统中的一个零件，你本事再大，也是这个系统的一部分。而在企业当高管，是你自己运营一个系统。最大的价值，是你能独当一面——一件事交给你，就可以放心了。**公司找高管，本质上就是在找这样的人。

这段话是说给那些在职场里感觉怀才不遇的人听的。业务水平高低，不是你升职与否的原因。**是不是让上层觉得你是可以托付一摊事的人，才是问题的核心。**

独立思考

很多人都在聊"独立思考"这个命题。这个词，其实很有迷惑性。

独立，表面的意思就是跟别人不一样。所以，独立思考容易被理解成特立独行、跟别人不一样地思考。再演化下去，就容易变成抬杠了。

但其实，**有独立思考能力，不是和别人想得不一样，而是不肯承认有唯一的正确答案，不肯承认有终极的答案。这样的独立，不是跳出圈外、迥然不同的那种独立，而是冷眼旁观，可以兼容他人的那种独立。**

我自己判断一个人是不是有独立思考的能力，有一个很简单的办法。如果一个人的口头禅是"我认为"，那大概率他就是一个自以为是的人，或者是一个经常被困在某个观念里面出不来的人。而如果一个人经常说，"关于这个现象，还有一个挺有意思的解释"，那就说明，他正走在独立思考的路上。

读书

读书的心态有两种。一种是把自己看成一个空瓶子，从外往里灌东西，要灌的东西太多，自己的瓶口又太小，这就难免痛苦。

另一种心态是把读书看成社交，是跨越时空和牛人聊几句——只不过那些人要么已不在世，要么相距太远，所以就用读书这种简便的方法跟他们交流。因为是社交，**你不必认识每一个人，也不必和一个人从头聊到尾，可以乘兴而来，兴尽而返。**出于对他人精神世界的好奇，在史上最牛的人群中穿梭，这样就可以随处有风景，随时有收获了。

说到底人还是一种社交动物，比起和枯燥的信息在一起，和人在一起更容易有快感。

度假

我到埃及旅游的时候，当地导游给我们讲了一个让他特别
气愤的事。

有四个中国大姐，都很有钱，把一艘尼罗河游艇上所有的
豪华套间都包了，在尼罗河上边走边玩。可你倒是玩啊！
不，什么神庙、陵墓一概不看，四个人就在游艇上打麻将。
当地的导游小伙儿说："虽然我是省力气了，可是这对我们
国家的文化遗产也太不尊重了。"

其实我倒觉得挺好。**旅游是和他方的事物去连接，度假是
割断和原有事物的连接。** 如果四位大姐真的觉得这几天能
摆脱烦人的家事，和一帮闺蜜打麻将就是最好的度假，那
自然无妨。

价值这个事，实在是没什么外在的判断标准。所谓"得失
寸心知"，自己觉得爽最重要。

段子

有人说，**写段子的核心技巧是逻辑反转。**这件事看起来简单，但实际上要做到很难。

为什么? 因为我们大多数人的逻辑都是一根筋的，找到那个逻辑反转点并不容易。所以，**经常看段子，甚至写点段子，是一种很好的训练手段，让两个互相矛盾的逻辑在我们的脑子里并存——这是第一等智慧的标志。**

比如，爱因斯坦就说："物理学家们说我是数学家，数学家们说我是物理学家，我是一个完全孤立的人。"巴菲特也说过："因为我把自己当成企业的经营者，所以我成了更优秀的投资人；而因为我把自己当成投资人，所以我成了更优秀的企业经营者。"

你想想，我们身边的人是不是也是这样? 一个随时能在相反的逻辑之间切换，随口能抛出几句俏皮话的人，通常都是最有魅力的人。

对抗时间

我们通常都觉得，爱创造、有大理想的人有出息，爱享乐、搞小情调的人没出息。

但是有一个观点说，其实这都是结果，只是逃避死亡的方式不同而已。什么意思？你看，**人终有一死，这件事给每个人都带来了巨大的焦虑，所以大家必须找到对抗时间的方法。**

一般有三种方法。**第一种是理想主义**，就是信点什么，不管是信仰上帝，还是热心于社会公益，本质上都是把自己奉献给一个超越性的存在，从而得到拯救。**第二种是浪漫主义**，就是找到点细小的乐趣，不管是爱谈恋爱还是爱美食，那些美妙的感受是永恒的。**第三种是创造主义**，就是相信自己的事业、自己创作的艺术品，可以超越时间，达到不朽。

所以，理想主义、浪漫主义和创造主义，出现的原因都一样，只是每个人根据自己的禀赋，选择了不同的搭配比例而已。

对事不对人

企业家李想在接受得到App总编辑李翔独家专访的时候，说了一段话对我启发很大。

他说，一个人在工作中，之所以焦虑和痛苦，有一个很重要的原因，就是他太关注事，而不关注人。

这和我们平常的说法完全相反。我们平常总是说，要对事不对人。李想说，**如果你眼里只有事，就只会关注得失成败，但是换个角度，你所有立场都是关注人的成长，那你天然就有了长期性的眼光。**

比如，当一件事情结束时，你首先考虑的角度是，它成就了谁，锻炼了谁，改变了谁，暴露了谁，要为谁提供什么资源，让他去做下一件事，那你就会发现，事情本身的得失变得没那么重要了。

对手

一个人不应该有敌人，但应该有对手。为什么? 有两个原因。

首先，敌人损耗的是你的力量，而对手不一样。有对手的人生，往往让人获得力量。很多人都有体会，和某个人暗中较劲儿是我们前进的重要动力。

但更重要的原因是，如果我有敌人，我会以输赢为目标。而所有的输赢，其实都是暂时的。所以，一旦我们有敌人，不管这个敌人是谁，我们就已经把自己的目标狭窄化了。所以说，"竞争意识损害竞争力"——这句话，我们是贴在自己公司墙上的。

但是有对手就不一样。我们和对手比的，不是输赢，而是高下，这是一个没有尽头的无限游戏。这就把自己发展的天花板揭掉了。

所以说，如果有人把我们当敌人，我们应该把他变成对手。也就是俗话所说，他打他的，我走我的。

敦 煌

吴伯凡老师问我："你想过敦煌是怎么来的吗？"

我虽然去过敦煌，但是还真没想过这个问题。在那么荒凉的地方，怎么会出现那么庞大的佛教洞窟艺术群？这钱是谁花的？

吴老师说，应该是两个机制的结果。第一是丝绸之路。商人因为前路凶险，要求佛祖保佑，所以就花钱建佛像。可是仅仅出于这个动机，不足以建成那么多争奇斗艳的艺术品。所以还需要第二个机制，就是斗富。你建一米的，我就来个十米的；你粗制滥造，我就精雕细刻。拼来拼去，才造就了敦煌的辉煌。

很多伟大的东西，其实都来自一点都不伟大的人性和现实主义的算计。

多元思维模型

我们人类，是靠概念来理解世界的，这就必然导致对世界的扭曲。

举个例子。我问你，克里奥帕特拉七世，也就是埃及艳后，是距离我们今天更近，还是距离埃及大金字塔建造的时间更近？直觉上，应该是距离大金字塔建造时间更近，但是事实正好相反。她距离今天不过约两千年，而距离大金字塔建造有约两千五百年。

你看，正是因为用"古代埃及"这个概念去概括金字塔和埃及艳后这一组事实，所以我们才觉得这两者离得更近。这就很尴尬了。人用概念来理解世界，这是没有办法的事，那我们就得永远接受被概念扭曲的世界吗？不是，有解决办法的。我们可以掌握更多的概念，让它们交叉验证，把一件事放到不同的概念系统里重新理解。

为什么说一个人要有"多元思维模型"？**就是因为，你掌握越多的概念系统，就会越接近世界的真相。**

启发   **081**

B

耳顺

《论语》中有一句话，"六十而耳顺"。过去通常的解释是，人到了六十岁，从耳朵到内心的通道就比较顺畅了，听别人的话能听出微言大义。

但是，我看到刘润老师的一个说法，把这件事说得更透彻。他说，人的修炼，其实是分成两个阶段的。

第一个阶段，是你要建立一个"自我"。这个阶段大概二十岁完成。然后，更艰巨的任务就来了。

第二个阶段，是你要战胜这个"自我"。也就是说，你能旁观自己，把自己客体化；能洞察到自己每一个情绪性反应背后的实质；心里没有自我，只有目标。这就是一个极难修炼的任务了。这个阶段一般人大概要到六十岁才能完成。完成之后，**一切触怒自我的外界刺激，都能被你当成帮助自己完成任务的工具，什么话听着都顺耳。这个境界才叫"耳顺"。**

发现

采铜的书《精进2》中提到一个细节，很让人震动。

有一次，采铜带他八岁的儿子出去玩，看见一栋大楼。他就对儿子说，这栋楼高不高啊？它叫紫峰大厦。他儿子没有接话，而是用手指对着大楼指指点点，过了一会儿说："爸，我数了，86层，这栋楼有86层。"

你看，这就是成人和儿童观察事物的区别。儿童的兴趣是杂乱的，他对大楼有多少层感兴趣，虽然这也没什么用，甚至数得也未必对。但是反过来看大人，就很有问题。大人知道了这栋楼的名字，对它的求知欲就结束了。时间一长，每个成人都会变成概念和观念的容器。你可以不断往这个容器里装东西，但实际上什么也装不进去了。

所以法国作家普鲁斯特说，**真正的发现之旅不是找到新的风景，而是找到新的眼睛。**

发展心理学

两个人争论孩子教育的问题。一个说要严加管教，一个说要放任自流。其实，何必老是纠缠于绝对的对错和是非呢？

发展心理学早就证明了，人的一生发展分成很多阶段，每个阶段所需要解决的核心冲突是不一样的。

按照美国发展心理学家埃里克森的说法，人要经历八个阶段的心理社会演变。一岁半到三岁的孩子，是建立习惯的最佳时期，所以这个时候的管束要相对严一些。而随后，三到五岁，又是孩子培养独创性的最佳时期，一旦讥笑他们的独创性行为，他们就会失去自信心。所以，这个阶段的教育，需要更多的鼓励。

人生就像庄稼，不同的时候有不同的需求。

法律思维

律师们经常讲法律思维。那到底什么是法律思维？一个律师朋友给了我一个简洁的说法。

他说，**所谓法律思维，就是脱离具体事件，放眼到整个社会关系中来衡量是非曲直。**

比如说有一个制度，一个人失踪四年就可以在法律上宣告死亡了，这看起来很不近人情。人死了就是死了，活着就是活着。但是法律不管这个，法律要着眼于更广阔的社会关系。失踪的人可以继续生死不明，但活着的那些有利害关系的人还得继续生活。宣告死亡之后，妻子就可以再婚，财产就可以当作遗产进行分割。那你可能会问，如果人回来了呢？回来了再部分撤销嘛。

说白了，**法律的首要目的不是搞清楚事实，而是让社会关系更有序。所以，有时候法律才会显得不近人情。**

反制

吴伯凡老师在讲座中讲到老子留下的一句话:"反者,道之动。"什么意思? 就是所有的良性趋势里都必然带有一种相反的力量。

比方说人的发展。每个人都追求舒服,但舒服到极致的人就一定是个宅男加胖子。这个时候,就需要一种反过来的不舒服,一种自虐的倾向。所以说,经常体育锻炼才是一种健康的生活方式。

再比如说,每个人都希望有个好记性,但如果记忆力好到什么都忘不了的程度,就是一种精神病症状了。这个时候,遗忘反而成为一种珍贵的能力。

有科学家就说,**未来将展开人和电脑的激烈竞争,人获胜的重要希望所在,就是人是有缺陷的、会遗忘的、不精确的。**

放大力量

李笑来老师跟我讲了一番道理，**一个人的力量怎么才能被逐步放大？**他说，一共分四步。

第一步，是自己有本事，这是基础。

第二步，是把自己放到一个高价值的网络中去，说白了就是和更多牛人在一起。

第三步，是在这个高价值网络中，形成自己的特色分工，让那些牛人离不开你。

第四步，是主动求助，进一步加强和这个网络的联系。

归纳一下，就是**自强、结群、分工、求助**这四种能力。

放空

有这么一个段子:

早上坐公交车上班,我注意到了身边的一位男子。他穿着干净得体,简单大方,脸庞上留下了少许岁月的痕迹。只见他时而静静地看着窗外,忧郁的眼神像是在思考过往的人生;时而双眼微闭,靠向座椅,让疲倦的身体可以有片刻的歇息。根据我个人多年的社会经验判断,这个人肯定是手机没电了。

最后这一句算是神转折。不过转念一想,很有道理。过去很长一段时间,我确实记不得什么时候看到过一个人坐在那里发呆,享受一段闲暇时光了。

我们的脑子时刻都被手机里的信息占领,现在放空反而正在成为一种需要专门训练才能获得的能力了。

非时间

有一个词，叫**"非时间"**。什么意思? 简单说，**就是完全属于一个人的，完全不和他人交互的时间。**

比如说，晚上早早睡觉，早上4点钟就起床，从4点到8点这段时间，因为没人打扰，也不和他人交互，你会获得一段完全属于自己的时间。工作也好，学习也好，写作也好，很容易进入心流状态，效率会非常高。有了这高效率的四个小时，白天的其他时间，我们反而可以用来健身、交友和娱乐。我没有这样试过，想必效果会很好。

不过，这提醒我们一件事，现代社会提高效率的方法是分工和合作，这就附带要求我们每个人把自己的时间表交出来，和他人的时间表对齐。但是，如果我们在合作和分工中没有什么自主权的话，我们的时间反而是被他人牵着走的。对我们自己来说，这是一个非常大的效率损失。这时候，**启用"非时间"，就是一个夺回主动权的办法。**

非正式交流

谷歌公司的福利出了名地好，但员工在食堂吃饭时要排队，而且一般是排4分钟左右。

为什么呢？因为谷歌公司要给员工创造非正式交流的环境。但为什么是排4分钟呢？因为时间长了，大家会掏出手机来看；时间短了，大家聊不起来。这个时间是经过计算的。有了这种非正式交流的公司文化，谷歌才可以喊出那句著名的口号——"别听河马的"。也就是别听领导的，你要对自己负责。

很多创业者抱怨团队难融合，于是就做活动、喊口号，但还是觉得团队融合不起来。这里面的根本问题，就是太重视正式交流，而忽视了非正式交流的作用。

我们要相信一件事，**人只要有合适的交流环境，就会自发地去接近彼此，交流就会自动地发生。**

非正式知识

我说过，一定要学习别人已经证明有效的套路。

我觉得可以给"套路"这个词起一个更好听的名字，叫"非正式知识"。

正式的知识，是指那些可以写在教科书上的知识。但是还有一些知识，没那么光明正大，适用的范围和时间也很有限，但是非常有用。这些知识书上就没有了，只有到特定的人那里去学。

举个例子。很多运营电商的人，会用白色的字，在白色的底上写很多东西。你说，这不是瞎耽误工夫吗？把字放在同样颜色的底上，谁看得见？实际上，他们就是不让用户看见，但搜索引擎能搜到。用户搜个什么词，莫名其妙就来到这家店了。这种细节里的小套路，没有内行人传授给你，你摸索再长时间也未必能琢磨出来。

分类标准

英国有位大才子，叫阿兰·德波顿。

他有一个很有趣的观点，说艺术馆应该变变了。展品不需要变，只需改变布局和展览方式。展品不应该按照年代来排列，而应该按照主题，比如每一个展厅集中展现一种重要的情感，什么痛苦展厅、同情展厅、恐惧展厅，等等。

这个建议不一定会被采纳，但是它暗示了现代文明的一个转向。**那就是，客观世界的那些标准、分类越来越不重要，而人越来越重要，并成为万物的尺度。**

比如说，未来的大学教育应该怎么办？可能大学不会再按照客观的知识分成物理系、化学系等，而是从人的需求出发，开设一门叫如何择偶的课程，把文学、心理学和神经科学等资源用于解决这类问题。那个时候，原来的知识体系会被重新整合。

分歧

有人说:"我在一个群里喊,谁给我推荐一款好用的500块钱以下的耳机,结果没人说话;而如果我在群里说,500块钱以下根本就没有好用的耳机,肯定马上就会有好几个人扑上来跟我抬杠,说这款不错,那款也不错。"

你看,这是一个很有趣的效应。面对一个问题,让我们给出一个答案,这个难度很高;而如果面对一个答案,让我们给出一个反对意见,这似乎就要容易很多。

所以有人开玩笑说,中国最大的在线教育平台,根本就不是什么学而思、猿辅导,而是微博。不管你在微博上说什么,都有人出来教育你,而且还免费。

这是为什么? 有一句很有哲理的话可以解释这个现象。这句话是:**在人群中,要高度重视分歧。分歧比共识重要,因为分歧肯定是真的,而共识有可能是假的。**

分享

美国互联网学者克莱·舍基来中国时，在一次演讲中谈到一起中国案件。

二十二岁的小李和二十三岁的小王是同事，有一天小李告诉小王他会撬锁。后来，他们真去了一家停车场，撬开一辆车，偷了一个钱包，然后就跑了。他们把偷来的钱一数，居然有12000多元，他们非常开心。小李把钱在床上铺开，自己侧身躺在旁边，让小王帮忙拍照。

之后的故事就是，他把照片发到QQ上炫耀。警方通过这张照片，将这两个人抓捕了。

克莱·舍基讲这个故事，是想说明社交媒体的力量。你想，根据马斯洛的需求理论，安全可是人的第一需求。但是，**个人分享的欲望居然可以强烈到战胜一个人自我保护的本能。未来的商业动能，有很大一部分就藏在这个故事里。**

风险社会

德国社会学家贝克有一个很有洞察力的说法。

他认为，过去的社会是阶级社会，核心的问题是资源不足，所以整个社会是围绕财富生产来运行的，社会的首要难题是如何进行财富分配。

但是我们现在进入了一个新的社会类型，叫风险社会。资源不足问题已经大大缓解，但是社会协作变得极其复杂，累积起来的风险也变得很高。比如全球变暖、人工智能、禽流感、股灾等，到处都有巨大的风险。所以如何化解、疏导风险就变成了新的首要问题。

说白了，**过去的阶级社会概括来说是，"我饿"；现在的风险社会概括来说是，"我怕"。**按照贝克的这个思路，衡量一个社会发展的标准就变了。过去的标准是富有，是GDP；而现在衡量一个好社会的标准，是能不能给人们安全感。

峰终定律

心理学家卡尼曼有一个观点，**我们对于一段过去的经历是不是感到愉快，取决于两个因素。**

第一个因素，是这个经历中最顶点的体验。比如你到埃及旅游，你觉得最好看的是金字塔。那好，多年之后，你想起埃及就会想到金字塔，至于旅游过程中哪顿饭吃得不好，导游有多讨厌，你都不会记得了。

第二个因素，是当这种经历结束的那一刻我们的感觉。举例来说，你到埃及旅游，最后在机场发现行李丢了，你很抓狂。那此前什么有关金字塔、尼罗河的体验，都大打折扣，你对埃及的记忆恐怕会永远很糟糕。

有人问，怎么搞好一次演讲？按照这个定律，心理学家会告诉你，首先在过程中准备一两个让人记得住的细节或者金句，然后再准备一个厉害的结尾，演讲基本就成功了。

服务

网上流传一条视频。视频中，一个女顾客来到一个卖猪肉的摊位，翻了翻案子上的几块肉，然后转头就要走。

老板就问："美女，没有合适的吗？"女顾客说："对，没有合适的。"这时候，老板递过去一张纸巾，说："不合适没关系，你擦擦手吧。"顾客转身拿过纸巾，一边擦手一边说："老板，要不你把这块肉卖给我吧。"

这条视频说出了一个很有趣的商业道理：**不要以为你是在用自己的产品做生意；做生意，说到底经营的是人与人之间的关系。所以，有那么一句话："客户的离去，大多是因为你的产品；而客户的回头，大多是因为你的服务。"**

过去这些年，互联网平台更多的是为陌生用户提供产品，所以产品经理成了一个很重要的角色。而未来，企业需要更多地为真实的用户提供服务，所以"服务经理"可能会是一个更重要的角色。

服务的最高境界

诚品书店的掌门人吴清友说过一句话，**服务的最高境界是"精进自己，分享他人"。**这话说得真妙。

所有商业都是在满足他人的需求。但传统商业是满足已知的需求，比如衣食住行，而未来的商业越来越是满足人们未知的需求。一款游戏没有设计出来，一部电影没有拍出来时，没有人知道自己需要它。所以，服务的中心越来越不是小心翼翼地伺候用户，而是服务者孤独地提升自己。

比方说，一个顶级大厨，不是满足我们已有的味觉的需求，而是在让我们的味觉进入一个前所未见的领域。

所谓服务，只不过是把自我精进过程中某一个瞬间的成果分享给用户而已。

服务业

和一个开美容院的朋友聊天。他说，你想，皮肤最重要的功能就是为人体隔离外界的影响，如果抹点东西，皮肤就能发生改变的话，这是皮肤的失职。所以，除了补水和防晒，其他美容产品的功能都要存疑。

我也不知道这个结论是否科学。当时我就问他，那你干这一行，岂不是没法为顾客创造价值了吗？

他说，那可不是。我们这一行，为顾客创造的心理价值极大，至少有两个。一是充满爱意的对皮肤的抚摸，这是人类基因里就渴望的东西，二是一种犒赏自己的方式。那么多成功女性来到美容院，未必奢望做个美容就能返老还童。但是，被呵护、被尊重、被善待的感觉是确切可以拿走的东西。

这个回答很精彩。**所有服务业其实都在提供两种价值，一种是所谓的功能，另一种更重要，就是对人的陪伴、支持和安慰。**

G

改造

思想家福柯说过：**"我不关心我所做的工作在学术上的位置，因为我的问题在于对自身的改造。**因此，当人们说，'哎，几年前你那样说，如今怎么又这样说了？'，我就回答他们，'唔，你想我干了这么些年，难道就是为了说些一成不变的话吗？'通过自己的知识，达到对自我的改造，这就有点像审美经验所起的作用了，一个画家，如果不因为自己的作品而发生变化，那他为什么要工作呢？"

在一个人人都期待外在成功的时代，福柯的这段话听起来特别矫情。但这个思考角度其实价值很大。**外部成功看起来很明显，无非就是权、钱、名气那几个指标，但其实很难衡量。赢得了竞争，也许暗中却积累了仇家。而内在进步看起来很难衡量，但只要不装傻，我们心里都明白自己进步的程度和速度。**

你看，一切都在变化，难得有这么个确定性很高的指标存在，当然价值很大。

概率思维

万维钢老师在他的得到 App 专栏《精英日课》里讲了一个有趣的话题。

两个人，第一个人买彩票，差一个数就能中大奖，他觉得自己运气太差了。第二个人，在一次旅游事故中，全车人都受伤了，只有他毫发无损，大家都祝贺他，说他运气太好了。这都是我们的直觉判断。

但如果换成用概率思维思考这两件事，结论恰好是反过来的。第一个人恰恰是运气太好了，因为只差了一个数，而第二个人的运气非常差，这么小概率的灾难事故，居然差点就落到他的头上。

你看，这就是直觉思维和概率思维的区别。**直觉思维更在乎捉摸不定的运气，而概率思维要求，只要成本合适，只要能提高赢的概率，就要不断去做这件事。比如遇到问题，就随口向人请教，这种事在直觉和运气的世界里什么都不是，但在概率的世界里价值连城。**

感觉

看到这么一段话:"一个成人,最好的进攻性武器是自己的智商,最好的防守武器是自己的道德底线。而有人正好相反,他们喜欢用道德武器来攻击对手,然后用蠢来捍卫自己的尊严。"

这段话说得真好。扩展开说,**一个人对自己的生活满意,其实是建立在三种感觉上的:安全感、优越感和存在感。**这三种感觉缺一不可,但是也有优劣之分。

坏的安全感的基础,是讨好外界,而好的安全感的基础,是信任外界。坏的优越感来自攻击他人,而好的优越感来自达成目标。坏的存在感,是不断需要外界对自己认可和表扬,而好的存在感,只需要对自我成长有清晰的感知。

所以,我们得警惕三件事,就是讨好外界、攻击他人、索取表扬。这三件事我们做得越成功,自己反而就越失败。

感受力

科幻小说家阿西莫夫说过一句话："在科学研究中最激动人心的，也是预示着新发现的短语，并不是'Eureka!（有了！找到了！）'，而是'That's funny...（有趣的是……）'。"

什么意思？就是说，真正有价值的时刻，不是你发现了一个新东西，而是一个新现象看在你眼里，你发现和你以前的理解不一样，你顺着这个不一样追下去，也许就能有重大收获。

你看，关于发现，最重要的不是新东西，而是你自己，尤其是你自己感受微妙差异的能力。

不仅科学研究，我们读书也一样。不会读书的人，是把书当作山，自己去爬山，过程中关心的是，这座山我爬了多少。但会读书的人，是把自己当作山，用书来爬自己，关心的是读了这本书之后，我被这本书改变了多少——重要的是自己的改变以及对这种改变的感受力。

感性与理性

著名产品人梁宁老师有一句话:"理性的反面不是感性,而是本能;感性的反面不是理性,而是麻木。只靠本能反应的人不会成功,心灵麻木的人不会幸福。"说得真好!

我们平时往往是在理性和感性这两端之间找自己的状态:我是理性一点好,还是感性一点好?

但梁宁老师的这段话暴露了一个真相:**很多自以为感性的人,不过是追随了自己的本能,好吃懒做,喜怒无常而已;很多自以为理性的人,不过是对世界没有感觉,感受麻木,不会感动而已。**

理性和感性这两种特质,不是我们生来就有的,而是需要不断修炼才能获得的。我们完全可以既拥有理性,又不缺感性。它们是我们提升自己的两个通道:用理性纠正我们的本能反应,用感性激活我们麻木的心灵。

干事

我的同事李南南老师跟我说到一个比方。

世界上的事，分成两种，一种事像麻，虽然看起来很乱，但是只要你下工夫一点点地理，总是能理清的。还有一种事像水，一盆水很脏、很浑，你能拿它怎么办？你能把水洗干净吗？不能。你花再大的力气也不能。所以只能等，时间一长，杂质一沉淀，水自然就清了。

对待第一种，像麻的事，就得主动介入，投入极大的意志力去行动。而对待第二种，像水的事，就只能等，投入极大的耐心和敏锐，去捕捉介入的时机。

当然，真实世界里的难题，其实都混杂了这两种事。所以，**所谓干事的能力，无非就是这三个东西的组合：第一，理清乱麻的行动力；第二，捕捉水变清的那一刻的感受力；更重要的是第三，分清上面两种事的判断力。**

钢琴

有一次我和严伯钧老师聊天，我说："我将来不会逼着我家孩子练钢琴的，要让她们过上幸福的童年生活。"

严伯钧说，不对，如果有条件，还是要培养孩子弹钢琴。他说："你罗胖的孩子成不了钢琴家几乎是100%的。但是**练钢琴不是为了这个，而是为了赠送给孩子两个礼物。**"

第一个礼物是自律。学琴总是需要长期的自律练习才能得到成就感。这是童年最难获得的体验，也是能受益一生的体验。

第二个礼物是敏感度。练钢琴，可以培养孩子对于声音那种细微差别的敏感度。这种敏感可以扩展到很多领域，比如，对于味道、材质、色彩、情感的细微区别的鉴别力。在未来的世界里，这是做成一切事业的基础能力，也是在私人生活中获得幸福的能力。

岗位

罗辑思维和软实力研究中心几位大牛咨询师联手搞了一项调查，对互联网环境下的一些企业组织转型案例进行了深度追踪。

其中一个案例很有意思，是一家培训公司。他们的一个核心理念是，**不培养技能，而是培养岗位。**

不要小看这两字之差。"技能"是工业时代的概念，比如修汽车、做大厨，都是从市场的角度对人进行分类，是把人当零件来生产的。但是"岗位"的概念就不一样了，岗位是一个复杂的场景，每个人需要多种技能才能应付得了一个岗位。你想，一个汽车修理工，他既需要会修汽车，还需要会和客户打交道。所以，**岗位，是一个以人为核心来理解职业的新角度。**

现在很多人都在说互联网转型，但归根到底，核心只有一个，那就是从人的角度来重新理解世界。

高地

作家九边提出了一个词，叫**"抢占式学习"**。他举了一个例子。他有个朋友，买了一套《柏杨白话版资治通鉴》，用一年时间看了两遍，结果感觉打通了任督二脉，写什么都下笔如有神。

可想而知，即使是看了两遍，里面那些具体的知识，他也未必能记住多少。但是作为通读过《资治通鉴》的人，他文化视野的广度、对人性的理解深度，肯定和原来不一样了。**这就是"抢占式学习"的意思，有理没理，找一个高地强攻上去。**

比如，每天强行花半个小时背单词，一年把英语阅读这个难题解决掉；或者用一年时间，把心理学的基础知识自修一遍。

你要说具体的用处，可能也没那么明确，但是**站上一块高地之后，回看原来，能力就是涨了一大截**。而你选取的是哪块高地，区别反而就没有那么大了。

高估

心理学有一个结论，就是**人在成绩面前，会高估自己的作用；在失败面前，会高估环境的作用。**

那么什么人没有这种毛病？两种人，第一种是圣人。就像吴伯凡老师说的那样，他们有成绩，看窗外的风景；有挫折，看镜子里的自己。还有一种人，就是抑郁症患者。有实验证明，抑郁症患者能够相对客观地评估自己的价值，正常人反而做不到。

这说明什么？说明高估自己，是我们人类这个物种生存的必要条件。所以，我们从小被教育说要时刻谦虚谨慎，这其实是有问题的。

正确的做法是，做事之前，不妨充分高估自己，这个叫有信心；做成事之后，再反省，这才是谦虚谨慎的正确姿势。

高管

有一个公司招聘高管，有两个人选，都挺合适的。最后，这两个人的简历都放到了老总面前，老总说："那两个人我都见见吧。"

他先约了第一个人见面聊天。聊完之后，老总说："哇！这个人了不起，我感觉，他是这个世界上最厉害的人。"这评价够高的，大家都以为这个人肯定中选了。老总说："不急，第二个人我也见见。"

见完第二个人之后，大家都问："第二个人有第一个人厉害吗？"老总摇摇头说："没这个感觉，但是我有另外一个感觉，就是见完他之后，我觉得我才是这个世界上最厉害的人。"你猜，最后老总选了谁？

当然是第二个，因为要招聘的是高管。**高管自身能力强不强，没那么重要；是否能通过鼓舞和激励，让身边的人都觉得自己很强，这才重要。懂得这个道理，就算是懂得管理的核心秘密了。**

高考

一群朋友聊起我们这代人当年的高考，那真是过鬼门关。

所有人都知道，这是决定人生的关键一步。考得好、考得坏，对人生的影响，从当时看，都是不可逆的。所以，能不焦虑，能不紧张吗？再看如今有孩子参加高考的家长，心态就放松多了。为什么？高考还是很重要，但已经不足以决定人生了。

不过，有一位家长说，**高考还是人生的分水岭。什么分水岭？高考前的人生，收益和努力是基本成正比的。此后的人生，收益和努力也有关系，但是变量就多太多了，努力的方向、方式比努力本身更重要。高考前，孩子生活在一个被单一目标扭曲的世界；高考后，孩子才进入了真实世界。**

所以，高考不那么值得焦虑了，但是高考结束的那一刻，还是值得打起精神，向它致敬。

高手

有人说，想要判断一个人在某一行是不是高手，你就问他问题。

你问一个点，他能回答一个面，你再顺着这个面追问，他能回答一张网，那基本就可以判定，他是这行的高手了。

比如说，你问一个学者，这门学科里有哪些他佩服的大师。如果只说得出一个，那他就只是一个粉丝的水平。如果能说出好几个人，而且是不同维度的标准，那就说明在他的认知地图上，这个学科被展开了。你再追问，这几个人为什么是大师，他能说出这些大师出现的社会条件、学术背景，以及和其他学科的联系，那就说明他对这门学科的认识已经嵌入整个人类文明的网络里了。

为什么应试教育培养不出对知识的真正兴趣？因为应试教育正好是反过来的。它把一张网压缩成一个面，再把一个面简化成一个点。

启发

个人课题

1914年8月2日，作家卡夫卡在日记上写了两行字，第一行是"德国向俄国宣战"，第二行是"下午我要去学游泳"。

你看，在个人的视角里，世界大战爆发和个人学游泳这两个课题居然是可以并列的。

宏观世界有它的宏大主题，而这并不耽误每个人都拥有自己的独特课题。就像不管盛唐时代来不来，玄奘都会去天竺求取佛法；不管第一次世界大战谁胜谁负，都不耽误爱因斯坦在此期间提出广义相对论。

回头一看，构成人类文明史最灿烂部分的，是一连串个人课题结出的果实，而不是那些当时的大事。

跟对人

看到一个段子说，什么叫"跟对人，才能做对事"？

举个例子。去菜市场买菜时，如果你觉得自己的砍价能力不行，你就跟在一个会砍价的大妈后面，等大妈砍完价，你对老板说，"我也来两斤"。你看，这多划算，大妈砍下来的低价，你也能分享。这就叫跟对人，做对事。

不过这还不是最高境界。真正跟人的方法是什么？是你跟在大妈后面，看大妈和老板僵持不下的时候，再加入，帮着大妈对老板说，"你便宜点，我也来两斤"。这就是团购了嘛，老板可能就答应了。你和大妈都拿到了一个本来拿不下来的价格。

所以你看，**跟人的技巧不是搭顺风车，而是在关键时刻主动加入，成为决定性的力量。这其实就不只是跟人了，而是把仔细观察、主动介入和积极合作三件事合而为一了。**

工具

有一位专业的摄影师，水平很高，他有两台照相机，都是很专业的。

为什么要有两台？他说，一台是自己用的，一台是准备随时借给别人的。毕竟难免有些朋友因为知道他有照相机找他借，而他自己用的那台是绝对不借人的。我就问他，高手不应该是那种随便拿到什么工具都能稳定发挥的人吗？就像用剑高手，应该飞花摘叶，都是杀气。那位摄影师说，那是小说，你也信？

其实你观察一下，各行各业，越是高手，越会使用专用工具。为什么？要想发挥稳定，就得排除外界的影响——其中最重要的就是来自工具的影响。**高手的专用工具，其实已经不是工具，而是身体的一部分。**

换句话说，判断一个人是不是这一行的高手，不是看他抽象的个体能力，而是看他和工具、和周边资源共生的能力。

工作能力

有人问我，怎样才算有工作能力？我的答案非常简单，就是把一个大目标拆解成小步骤的能力。

举个例子。得到App中熊太行的专栏《关系攻略》里，有一位用户问："我爸妈让我回老家结婚，你说要不要去？"

你看，这个问题很简单吧？但是其实没法回答，因为他把三个问题混在一起了。要不要回老家？要不要结婚？要不要和爸妈指定的那个人结婚？问题如果没有被拆解，不仅自己会乱作一团，别人也没有办法帮你。

工作也一样。**说一个人工作能力强，并不是说他什么事都能搞定，而是指他能把目标拆解成要么可以自己搞定，要么可以明确求助别人的一个个小步骤，把怎么做的大问题，变成选择什么资源做的小问题。**

公平

有一次，我问一位学者，人类总是想要一个越来越公平的社会，这可能吗? 他斩钉截铁地回答说，不可能。

他的分析是这样的，人类社会的总演化方向是分工协作，而分工带来的一定是不平等。就拿生物来说，最平等的是原始单细胞生物，因为它们没有任何分工。但是一旦单细胞生物结成了多细胞，细胞间有了分工，平等立即就消失了。

比如说人，人的大脑重量只占人体重量的2%，但却消耗20%的能量。所以，**只要分工还能继续带来好处，人类的不平等就是总趋势。**

这看似是一个坏消息，**不过好消息是，未来个体随时可以调整自己的分工，所以身份带来的不平等会越来越少，而智力、知识和机会带来的不平等会越来越多。**说白了，这将是一个聪明人会变得越来越牛的社会。

公司和员工

公司和员工之间的交易本质正在发生变化。

在工业时代，是公司出工资换取员工的工作时间。你上班，我给钱，钱货两清。彼此的权利义务到此就结束了。

但是未来不一样，创新活动成为公司存在的理由。所以，员工本质上不再只是花时间来上班，而且是用自己的创造力来投资这家公司。他们不仅要获得工资收入，更重要的是，因为是投资，所以他们的创造力也必须获得投资性的收益。

换句话说，公司还要为员工本身的成长和市场价值增值负责。**只有当员工意识到他是在为自己工作，不但为企业创造利润，还能借此机会让自己的未来更值钱，这种合作关系才能持续下去。**

启发

攻略

万维钢老师在《精英日课》里讲过做事的三个层次：最高层次的叫"战略"，是做大方向的选择；其次叫"战术"，是指怎样随机应变地实现目标；最低层次的叫"攻略"，就是目标既定，资源既定，别人有什么样的经验，我就怎么做，别走样就行。游戏攻略是这样，旅游攻略也是这样。

这三者当中，"攻略"思维看起来层次最低，但恰恰是最好的思维方式。

第一，遇到复杂的目标，立即把它分解成小任务，小任务就用得上别人的攻略了。第二，只要有别人的智力资源可以借用，就要毫不犹豫地借用，越成型的攻略，就越马上拿来就用。第三，自己做过的事，也要把它攻略化，自己用，也分享给别人用。

攻略为什么如此重要？**因为最先抵达目标的人，可能不是速度最快的人，而是不走冤枉路的人。**

鼓掌

普林斯顿大学教授、著名经济学家阿维纳什有一次给本科生上课，临下课的时候，做了一个博弈论的实验。他拿出20美元，说谁鼓掌时间长就给谁。结果你猜怎么着？鼓掌持续了四个半小时。

这个数字很令人震惊。我们可以想象一下，任何一个人单纯连续鼓掌四个半小时是什么感受？

那他们为什么鼓这么久？我想无非两个原因。第一，目标偏移了，坚持鼓掌四个半小时的学生应该不是为了那20美元，而是为了斗气。第二，被存量绑架了，我已经鼓了一个小时的掌，现在停下来，不就白鼓了嘛，所以只好继续。

目标偏移，被存量绑架，这其实就是人生失败最重要的两条原因。

关抽屉

小孩子的特点是喜怒无常：正在大哭，马上就能笑起来；正在撒泼打滚地要什么，只要你能成功转移他的注意力，他马上就能忘了自己刚才的要求。

这好像是儿童心智发展的一个缺陷。但是我岁数越大，就越知道，这是一个难得的能力。**专注在当下，既不受上一件事影响，也不惦记下一件事，这太难得了。**

记得拿破仑就这样夸奖过自己，他说："我的脑子就像个有很多抽屉的小柜子，安放着各种事务和问题。在我想打断一个思绪的时候，我就关上一个抽屉，打开另一个。该睡觉了，我只要关上所有的抽屉，这就睡着了。"你可能觉得这只是一个比方，但其实，这种能力非常了不起。

重要的不是你能打开下一个抽屉，而是你能彻底关上上一个抽屉，让事务和事务之间、情绪和情绪之间互不影响。

关系

经常听到有人感慨，说手机害人，一大家子在一起吃饭，年轻人都埋头刷手机，亲人之间的交流都没了。

其实这件事也可以换个角度看：也许年轻人心里就不愿意吃这顿饭呢？也许刷手机不是漠视亲情，而是亲情已经解体的表现呢？正如有个姑娘总是抱怨，男朋友现在对她怎么抠门儿，怎么不好。旁边的人一句话就说到位了："不是他不好，是他已经不爱你了。"

你看，传统社会都认为，人和人之间的关系是定下来的，我们必须调整自己来适应这种关系，否则就是有道德缺陷。但是在现代社会，**表面上维持某种关系的人，如果成长速度、观念变化不同步，关系随时会解体，只不过有时候要过一段时间、用别的方式表现出来而已。**这才是现代社会的真相。

关系结构

我有一个朋友，开了家不大，但是还算有名的公司。

近来，他越来越无法容忍他那个副手的做派，决定把他开掉算了。在最后谈话之前，他打电话来征求我的意见。

我说，你们原来的关系那么亲密，还是不要轻易张嘴让他走人。一旦开了这个口，第一，因为你的公司小有名气，他出去之后一定还会把在这儿待过当成资本去说。第二，因为他要向周边的朋友解释为什么要离开，所以一定会把你说得一无是处。

那怎么办? 我觉得当务之急是**重新设计和这位副手之间的关系结构。**比如说支持他去创业，让他变成公司的供应商，等等。这样，**把亲密关系变成利益关系，即使将来还是一拍两散，也不会有那么大的副作用了。**

观察世界

心理学者李松蔚老师提到一个有趣的观点。他把我们观察世界的方式分成了两种。

一种叫"原因论"，就是凡事找个原因。我刚刚发了一次火。为什么? 因为对方不像话，因为我忍了对方很久，因为我喝多了，因为我从小受过心理创伤，总是管不住自己，等等。总之，凡事找个原因。

还有一种观察世界的方式，叫"目的论"。不管自己做了什么，总要设法洞察自己真实的心理目的。比如，我刚刚发了一次火。为什么? 因为我想用这种方式控制对方，因为我想找个替罪羊把责任推到他身上，因为我在别的地方受了委屈，我想找个出气筒，等等。

你听出来了，**按照原因论看世界，很舒服，但是没有用; 按照目的论想事情，很艰难，但是指向了自我改变。**

观点

据说，唐朝的时候，宰相李德裕看不惯诗人白居易。这本来没什么大不了，官场上的一点私人恩怨而已。

但是有一次，有人对李德裕说，白居易的诗文写得好，你要不要看看？李德裕说："吾于此人，不足久矣，其文章精绝，何必览焉！但恐回吾之心，所以不欲观览。"

什么意思呢？就是说，我早就不待见白居易这个人了，但是我知道他文章写得好，万一我看了，对他印象好起来怎么办？所以我不看。

这话说得当然是意气用事了。不过，这话也暴露了我们日常思维的一个特点——**我们通常并不是从事实得出观点，而是先有个观点，然后选择相信那些我们愿意相信的事实。**很多人的人生可能性就是这么被封杀掉的。

广告

有一位广告人在机场看到一块广告牌。这块广告牌还没租出去，所以它的主人就在上面做了一个招租广告，写了五个大字——"你就是主角"。这位广告人就说，这个广告做得可不好。

你想，如果有一个企业老板，看到这块广告牌，他会花钱用它做广告？大概率不会。当老板的哪有那么想当主角？这五个字忽悠不动他们。

那广告牌上应该写什么？应该给出一个行动的理由。最简单的方式就是列上数据：这块广告牌每天会被多少万人看到，看到它的都是哪些人。然后写上"虚位以待"，留个联系电话。

你琢磨琢磨，这两种方式之间，其实有一道思维方式的鸿沟。通过抖机灵、装可怜、摆笑脸的方式促使对方做出某个行动，在过去的熟人社会可能有用。**但在如今的陌生人社会，站在对方的角度，给对方一个行动的理由，才会更有效。**

启发   **135**

广告的风险

过去做广告，你花钱买广告资源就是了，没人对你承诺效果，风险你自己担。后来，互联网广告出现了，它们对做广告的人说，看到你的广告不要钱，用户对你的内容感兴趣了，点击进去才要钱，做广告的风险大大降低了。这是好事吧？

再后来，又有媒体说，可以一直到用户在你这儿产生了真实消费，你再为广告付费。你看，做广告的风险又降低了。那么，这是一件好事吗？

恰恰相反，这对做广告的企业来说，可能是灭顶之灾。为什么？你想，投入一百块广告费，也许只能赚回来一百块零一分，那也算产生了消费。长此以往，你挣的每一分钱，都拿去做了广告，你就成了广告媒体的一个附庸。

这就是市场的一个铁规律——价值往往来自风险。换句话说，诱导你往完全没有风险的地方走的人，就是在消灭你的价值。

贵族学校

一位教育专家讲过教育的一个内在悖论。假设你肯为你孩子的教育投入，也投得起，那么请问，你是让他上昂贵的贵族学校，还是让他上主流的公立学校？

直觉肯定是上贵族学校。其实不一定。贵族学校的资源是比较好，但是也带来了一个问题，就是孩子脱离了真实的社会。

过去，社会是充分分层的，上层、底层过着不同的生活，教育的方法和目标自然也就不同，反正将来各过各的生活。但是未来社会，谁也不知道怎么变化，现在的社会分层会不会延续。你的孩子会骑马，会演莎士比亚，但是不了解普通人的想法，你确信他能过好这一生？

你看，这是不是一个挺大的悖论？**没有资源的教育肯定不是好教育，堆积了过多资源的教育是一种脱离了现实生活的教育，它肯定也不是好教育。**

汉赋

我们说起中国文学，通常都把楚辞、汉赋、唐诗、宋词、元曲并称。但是你发现没有，楚辞、唐诗、宋词、元曲中多少都有点我们喜欢的作品，唯独这汉赋，实在是读不动。

为什么？两个字，啰唆。写一处皇家宫苑，能不厌其烦一花一草地写，没有实质内容，就是铺叙，而且还有好多生僻的字，真是没意思。

但是作家杨照说，你不能用今天的眼光看汉赋，你得回到那个时代。汉朝人第一次意识到这个世界的复杂、华美，但是根本没有合适的辞藻来形容，所以，**汉赋本质上不仅是文学，还是那个时代的词典。汉朝人满怀欣喜，发明新的词汇来分辨不同的色彩、形体、光泽、声响，就像我们今天面对各种新事物，急着发明各种新名词一样。**

这种大放光芒的时代对新名词的渴望，本身就是最好的诗意。

汉隆剃刀

有一个词叫"汉隆剃刀"。什么意思呢?

我们在认知世界的时候,会为很多事情找原因。如果你找到的答案是"因为某个人是坏蛋"——这不是原因——请拿起这把"汉隆剃刀",把这个原因剃掉。**看到一个不好的现象,如果你能用别人的愚蠢来解释,就最好不用别人的坏来解释,这就是汉隆剃刀原理。**

为什么?如果你认为某件事没干好,是因为有人犯蠢,那至少你还要进一步想两个问题:第一,他们为什么蠢;第二,我将来怎么不犯同样的蠢。有了第一个问题,你的思考就呈现出了结构性。有了第二个问题,你的思考就呈现出了开放性。这就是好的思考品质的两点共性。

但是,如果你认为这是因为某个人坏,那结论就到此为止了,既没有结构性,也没有开放性。这样的思考品质当然就很差。

行家

什么叫真的懂一个行当？有八个字，**"不说是非，只说趋势"**。我觉得有道理。

所谓说是非，就是总做对错判断。什么是对的，什么是错的，哪家好，哪家坏。这不叫真懂。为什么？因为他看到了现象，但没有能力理解形成这种现象的原因，所以只好做情绪性的、表面的是非判断。

但是真懂的人就不一样。在他看来，很多事看着不合理，可背后都有不得已的原因；很多事看着繁花似锦，可事实上也许已经开始走下坡路。

所以，**真行家看自己的行当，看到的是各个因素之间的互动关系，尤其是在时间上的发展趋势。**

行业

几个年轻的记者问我，现在记者不好干，你原来也是干媒体的，能给我们点儿建议吗？我说，现在每个人都面对一个问题，就是重新定义自己的行业。

就拿记者来说，最早信息很闭塞，需要传递远方的信息，这是第一代记者的角色。后来，中心化社会来临，记者更愿意去挑战那些老大哥，记者角色发生了转换。但是在互联网时代，这两个使命，自有其他人去承担了。那怎么转型呢？

比如我自己就选择了一条路，就是把某个领域发生的事，转述给不属于这一行的人，完成表达方式的转换，在帮助人获取知识这件事上，提高效率，降低成本。其实，我不是也在做一件记者做的事吗？

所以，所谓的重新定义行业，就是永远要考虑两件事：第一，社会的新需求是什么？第二，我可以利用我的特长在这个新需求里干点什么？

好产品

艺术家托雷斯创作了一个行为艺术作品。他在一个展馆的墙角堆了很多糖果。堆了多少呢? 79公斤。79公斤这个数字是怎么来的? 是艺术家的恋人生前的体重。糖果堆在墙角, 每个路过的人都可以拿走一些。糖果当然就会越来越少, 最终消耗殆尽。这时托雷斯就会补充糖果, 让糖果堆再达到79公斤。

问题是, 艺术家想通过这个过程表达什么? 有三层意思。第一, 生命很甜蜜, 就像糖果。第二, 随着时间的流逝, 生命和甜蜜都会耗尽。第三, 也是重点, 爱他的人, 会让生命一次次地重生。

这真是一个巧妙的设计。它不仅把那么抽象的道理变成了可以感知的过程。更重要的是, 这个过程又是那么简洁, 控制点是那么少。**也许这就是一个好产品的样子, 让人可以深刻地感知, 而又无比简洁。**

好公司

有时候给朋友的公司开公关策划会，我发现他们最难转过来的弯儿就是，在互联网环境里做公关，是非对错是不重要的。

总是有人会反问，难道公司做错了事，不会酿成公关危机吗？这么想不能说没有道理，但这么想的前提是，公司是一个独立于社会系统的机构，接受一切社会系统的判断、挑剔和衡量，要尽可能正确。所以，对错就很重要。

但是在互联网时代，**一个好公司的标准，是全方位地嵌入社会系统，不仅是产品和服务的嵌入，而且是情感和关系的嵌入。**这个时候，公司不仅仅是一个机构，而更像是一个人。一个有缺陷，但是不讨厌的人，远远比一个力求完美，但是不通人情的人要可爱得多。

当公司从机构变成人，是否正确就不太重要了，而是否具有真实的人格魅力就成了公关胜败的唯一因素。

好老师

通过做得到App、做成年人的知识服务，我有一个很重要的体会，就是什么是好老师。

韩愈说，传道授业解惑。这是我们中国人心目中好老师的典型形象——一个知识的传递者。如果是在学校，确实是这样。但是在我们这个终身学习的领域呢？也就是说，一个成年人的老师该是什么样的？

你想，一个受过完整教育的成年人，该懂的道理都懂了，不懂的知识他会去查。这个时候，老师给他的就不能是新鲜的道理和知识了，而是什么能让他对自己已经有的常识产生信念。比如说，减肥，就是管住嘴、迈开腿，这有什么难懂的？有的人对你说这个，就是讨厌，就是唠叨；而有的人对你说这个，你就听得进，做得到。后面这个人就是好老师。

所以，成人世界的好老师什么样？就是能够通过专业能力和人格魅力，让我们真的相信那些简单的道理。

好销售

有一次，我向一位销售主管请教，怎么判断一个人是不是好销售？

他说，主要看两点。第一，千万不要以为那些冲动型、攻击型的人是好销售。其实，经过这么多年的摸索，有效的销售动作就那些。所以，**一个好销售，反而是那种愿意把简单的动作重复做的人，而不是动不动就兴奋的人。**

第二，**好销售的最大特点是抗压。**不过，抗压这个词，可不是我们过去理解的那种受气包，压力来了就忍着不吭声。

他举了一个例子。假如一个销售很长时间都没有成单，你问他："你打算怎么办？"如果他回答："我要提升自我，我要有韧性。"这不叫有抗压能力。真正有抗压能力的人会回答："我可能方法出了问题，我要去找个老师傅请教一下。"**面对压力能做出建设性反应，才叫能抗压。**

好专业

有一个戏说的帖子，叫《报考医学院的四大理由》。

第一个理由，学了医，你将来可以转行从事其他行业，但是想倒过来就费劲了。第二个理由，医学院同学的感情都会处得特别好，大家虽然在不同科室，上至父母重病，下至孩子拉稀，不出同学的微信群就可以远程会诊。第三个理由，医生不会失业，既可以奋斗成顶级名医，也可以平躺成普通大夫。第四个理由，医学生不会嫉妒比自己优秀的同学。为什么？因为同学越优秀，自己生病的时候就越安全。

这当然是开玩笑的说法。不过，你发现没有？这个帖子其实也说出了大学**好专业的四个特点：第一，能学点硬功夫；第二，有能帮到别人的本事；第三，有很多阶梯，你可以任意停在一个自己感觉舒适的台阶上；第四，所有人都乐于看到你的进步。**

好奇心

有句诗写得好:"美人自古如名将,不许人间见白头。"不过,现在这年头,人老的标志可不是白头,而是丧失对新事物的好奇心。

有一次,我在办公室里遇到一个挺烦人的事,要把两个电子邮箱绑定在一起,不熟悉嘛,得现研究。于是,我随口就跟一个年轻人说:"兄弟帮个忙,帮我搞一下这个事。"

这话刚出口,我就知道不对头了。表面上是忙,是没时间,但是与此同时我也捕捉到了自己内心里的一丝不耐烦——这是人老的迹象。所以,我马上就改口说:"还是我自己来吧。"**坚决不能放纵自己对新事物的畏难情绪。**

我希望几十年之后,我已经老了,但是还有兴趣把所有最新出的电子设备买来研究一番。**在这个时代,没有什么比丧失好奇心更可怕的事情了。**

合伙人

真格基金创始人徐小平老师说过一句话，对我特别有启发。他说，**看一个创业者成不成，关键是看他选的那个二把手，也就是合伙人牛不牛。**

为什么? 最浅层的理解是，合伙人强，队伍才强。但是徐老师的意思比这个理解要深得多。

他说，我们其实很难判断一个创业者靠不靠谱，因为什么样的人都有可能成功。但是他选的二把手合伙人就是他综合素质的体现了。他的挑人选人的能力、业务布局能力、与人协作的能力、带领团队的领导力，全都能从这个合伙人身上看出来。所以，合伙人不只是他的一个伙伴，还是他本人的一面镜子。

合作思维

在合作关系中，有两种思维模式：一种是判断，一种是衡量。

做判断的人，总是觉得，我和对方的关系状态是既定的，比如，这个人值不值得信任？这个人跟我交情好不好？他爱不爱我？等等。如果做不了判断，那他就要去考验对方。不过人性这个东西，真的经不起考验。所以有这种思维模式的人总是会在合作关系中受伤害。

做衡量的人，不觉得双方的关系是确定的，也不觉得责任是对方的。所以，他们经常问的问题不是"他值得信任吗"，而是"在什么情况下，他有可能选择合作"。交情够了，那再加点利益？利益有了，那再深化一下交情？

这两种思维模式之下的人，前一种人的世界里最重要的两个字，是人品；后一种人的世界里最重要的两个字，是行动。

合作与合伙

有一句话，叫**"和有资源的人合作，和没退路的人共事"**。

这句话很开脑洞，它一下子把困扰很多人的"找个什么样的合伙人"这个问题给说明白了。**在这个时代，人与人之间的关系状态，其实是分成两种的，一种是合作，一种是合伙。**看起来都有紧密联系，但本质不一样。

合作的本质是交易，你有什么资源，我有什么资源，大家交换就好，讲究的是公平。合伙的本质是风险共担，是在最危急的时刻还能彼此支持，互不背叛，讲究的是放心。合作是能保证在好的时候变得更好，合伙是能保证在坏的时候不会更坏。所以才说，要和有资源的人合作，和没有退路的人共事。

从这个角度，我们才可以看清楚很多关系的实质。比如谈恋爱是合作，结婚那就是合伙；一起上班是合作，一起创业那就是合伙。

红薯

我听到一个冷知识。中国有三大主粮，小麦、水稻和玉米，后来又补上了一个土豆。

可问题是，红薯的产量比土豆高。早年灾荒的时候，很多中国人都是靠红薯活下来的。所以有人就觉得奇怪，第四大主粮为什么不是红薯呢？

原因很多，最重要的是两个。首先，红薯因为对温度和水的要求更高，所以不适合在北方和缺水的西部种植，空间适应性不够。其次，红薯的可储存性不如土豆。土豆能储存一年左右，而红薯不行。你看，无论是空间的适应性，还是时间的适应性，红薯都有劣势。还有一点，因为土豆的种植面积更大，人类积累了更多应对土豆病害的科研成果。

你看，**在合作系统当中，决定一个元素成败的，可能不是它的某项优势，而是它对空间、时间和合作伙伴的适应性。**

红桃皇后

生物学界有一个著名的红桃皇后假说。

红桃皇后是童话《爱丽丝梦游仙境》里的一个角色。她说了一句奇怪的话：在我们这个地方，你必须不停地奔跑，才能留在原地。生物学家范瓦伦受到了启发。什么东西必须不停奔跑才能留在原地呢？进化中的物种。

过去达尔文的理论认为，物种的演化是为了适应环境。而红桃皇后假说的意思是，**物种不仅要适应环境，还要适应其他物种。**说白了，**同样的环境，一个物种能否最终胜出，关键看它能否比其他物种跑得快。**

这句话在人生和商业竞争中依然成立。**你当前的境况是不是最好的，不重要，比其他人跑得快才重要。否则，你连留在原地恐怕都很难做到。**

宏大视角

有这么一段话:

"在这样的时代生活，首先要学会的，就是不被宏观的动荡裹挟，不用大人物的视角生活。否则，你的情绪天天风雨飘摇。时间长了，你会形成一种悲观加恐慌的应激反应模式。股市高了，你就追高；股市跌了，你就杀跌。既没有以旧换新买新房子的勇气，也没有甘心住在老小区的淡定。你会一步步地走向这种宏大的思维模式，一步步地交出自己的智慧，交出自己的判断力。"

这段话说得真好。所谓不用大人物的视角生活，意思就是**不要被那些大话题裹挟，要有能力体会身边小事的价值，要有能力自己给自己定义话题，要有能力在一花一草、在解决自己眼前的问题中找到乐趣。**

你看，两百年前，家事国事天下事，事事关心，这句话的重心在"天下事"；而今天，这句话的重心要变成"家事""身边事"了。

互联网精神

媒介思想家麦克卢汉身上发生过这么一个故事。因为麦克卢汉的学说太有洞察力，不太符合学术规范，所以学者圈子里对他争议很大。

有一天，麦克卢汉遇到了美国社会学的泰斗默顿。默顿对他说："你论文的每一处都经不起推敲！"你要是麦克卢汉，会怎么回答? 认真求教，还是反唇相讥?

麦克卢汉的回答是这样的，他说："哦，你不喜欢这些想法? 那好吧，我还有一些别的想法。"

你看，这个对话很有意思。它说出了互联网精神的一种实质。**你在讲是非，而我认为，那只是你个人的一种偏好。你在用对的东西纠正错的东西，而我只是在探寻你的偏好，并试图找到和你的结合点。**

花钱

你有没有想过，应该怎么判断一个人的能力？

通常我们都是根据他做事的成功程度，或者干脆就是根据他有多能挣钱来判断。但是我们也都知道，这个标准太简单粗暴了。可是其他的，什么谈吐、认知又没有什么标准，怎么办？

有这么一个新标准，说如果不看一个人怎么挣钱的话，可以看一个人怎么花钱。挣钱，就是看挣钱的多少，以及挣钱的路数高级不高级；花钱，就是看花钱的方向，以及花钱买到的东西是不是拿得出手。**同样多的钱，有能力的人会花得更有章法，更有品位，也更能有效支撑自己的生活。**这也是判断一个人能力非常重要的维度。

比如还有人建议说，大学生要想过更有意义的四年，除了读书和交友之外，训练自己的重要方向之一，就是注意自己穿着的品位。没钱的时候，反而是训练自己花钱能力的好时机。

怀孕

有一个朋友怀孕了。因为她年龄稍大，所以紧张得要死，大门不出，二门不迈，大把地吃各种孕期保健品。后来一位产科医生跟她讲，别相信那些保健品，也别信什么民间土方。那些东西之所以流行，是因为它正好针对你的恐惧。人在恐惧下，判断力是零。

那该信什么？只有两样东西。第一，就是主流医学界经过反复证明的东西。第二，就是人的身体本身。我们的身体是数亿年生物进化史打造出来的，精密程度远远超过现在的任何人工系统。它最强悍的能力，就是觅食和繁殖。

所以，怀孕了要小心肯定没错。但是如果在怀孕早期流产了，绝大多数情况都不是因为你不小心，而是因为这个胚胎质量不好，你的身体知道它不值得保留，才把它淘汰掉。所以，要相信你的身体。

坏人

文学大师王鼎钧老师在回忆录里提到，抗日战争的时候，他十几岁，家里人要把他从沦陷区的山东送到大后方去上学。

要知道，突破日军的封锁线是一件很危险的事情。他们到了封锁线一看，把关的是伪军——受日本人控制的中国人。但无论这些学生做了多么好的伪装和准备，比如探亲证明什么的，那个伪军的军官一律摆手，看都不看。他心知肚明，这是伪装的。他说："你们说实话，我就放行。"

最后实在没办法，一个学生只好跑到他耳朵边轻轻地说："我们是到大后方上学的。"伪军军官说："早说实话，不就让你们过去了吗？"然后，就真让他们过去了。

王鼎钧隔了几十年，想想这个伪军军官的心态也是有意思。当了汉奸，他的良心受不了，但是他也不肯偷偷做好事，他一定要让周围的人知道，他是身在曹营心在汉。你看，**没有人受得了自己真是一个坏人。**

环境

古时候，有人问一位禅师，达摩祖师面壁九年，到底为什么？禅师回答了三个字，睡不着。这是一宗著名的禅宗公案，对我启发很大。

很多看起来很了不起的事，一般我们都觉得会有很深奥的原因，但往往只是一个顺理成章的结果。比如有人勇敢地从一个大家都很羡慕的地方辞职了，大多数情况下真实原因都不是因为追逐梦想，而是混不下去了。

再比如，某人坚持做一件很难坚持的事，也不见得是因为他有毅力，而是因为他有不得已的苦衷。比如罗胖每天坚持发语音，就是因为责任越来越大，不得已嘛。

所以，结论来了，要想做非凡的事，就得把自己先放到一个非凡的环境里。**人的行为、选择和最后的成就，往往都是环境的结果。**

灰度认知

我们经常讲认知升级的重要性，但为什么有的人很聪明，认知能力也很强，却还是过得一塌糊涂？

我的朋友老喻（喻颖正）跟我讲了八个字——**"灰度认知，黑白决策"。**什么意思？**认知能力越强的人，对世界的理解就越是灰度的，也就是不黑不白。**

比如一个高水平的经济学家，是不会动不动就做明确预测的，反而水平低的人什么都敢说。但是一个人要想生活好、事业好，每天都面对着大量具体的决策，而决策必须在两难中坚决拍板，非黑即白，所以叫黑白决策。

有的企业老板，认知能力并不行，好多事都不懂，但是拍板能力特别强，生意照样做得不错。而很多人认知水平很高，但是过不好，就是因为跨不过灰度认知、黑白决策之间的这条沟。你看，学什么都是有用的，但是学到什么都不能保证你成功。

灰人理论

据说牛津大学流行一种学术态度，叫"灰人理论"。什么意思？就是反对刻苦。

比如说，我在某个方面其实没有太好的天分，但是我凭借刻苦精神，总想获得更好的学位，这种人就被称为"灰人"。据说在牛津大学的鄙视链里面，这是最底层的人——不要误会，如果你在某个方面有很高的天分，周围的人当然不会反对你刻苦的。

这是我们不太熟悉的一种思路。因为**在那些创造性没那么高的领域，勤能补拙的效应是存在的，但是在高创造性领域，我们就不得不尊重天赋的价值了。**

其实，细想一下，这种态度也不完全是粗暴的否定，它也含有另外一层意思，那就是，**每个人都各有天赋，不要在你不擅长的事情上浪费时间，要去找你真正有天分的地方。**

混乱

传统的企业总是害怕混乱，但是这几年大家渐渐明白了，一味追求秩序，往往会丧失创新能力。

可是总不能说越混乱越好吧？

最近有位企业家跟我说，混乱不是用来消除的，而是可利用的创新资源。**混乱的本质是其他方向的秩序，只不过你没有理解而已。**总有一些秩序在我们的视野之外，你没理解它，所以觉得是混乱。

比如公司里面的混乱，很可能是因为某个人的影响力超过了他的实际岗位。所以，你应该发现那个人，然后让他发挥更重要的作用，而不是消灭他带来的混乱。有自己独特秩序的混乱，根本消除不了，只能善加利用。

活出自我

什么叫活出自我？

钢琴家古尔德说："一个人可以在丰富自己时代的同时并不属于这个时代，他可以向所有时代诉说，因为他不属于任何特定的时代。一个人可以创造自己的时间组合，拒绝接受时间规范所强加的任何限制。"

说得真好。**活出自我，不是叛离集体，也不是违背时代，而是他能创造一个属于他自己的时间感的组合。**

一部分人，向这个时代诉说，他要挣钱，要成名，要出人头地；另一部分人，他还要向所有时代诉说。比如，他可以选择继承一点苏东坡的精神，回应一点孔夫子的呼吁，**这个组合越丰富，越别出心裁，越有自己的道理和坚持，那他就越是一个成功地活出自我的人。**

伙伴

人找伙伴，其实是有两种模式的，一种模式是找保姆，另一种是找战友。找保姆，是为了满足自己的各种需求。找战友，是为了在达成目标的过程中找到同盟军。

比如说在一家公司里，平时大家好像都是平等的同事，但大家都心知肚明，谁只是老板雇来满足特定需求的保姆，而谁是带着一身本事和自己的目标来加盟的友军。

找配偶也是一样。很多人是因为对方对自己好而和对方在一起，也就是把对方当成自己的保姆。其实以此为起点的家庭，往往崩溃得很快。而彼此结成战友的家庭，是我眼中的理想家庭模式，两个人都因为对方的存在而变得更好。

战友模式既然明显优于保姆模式，为什么还很难实现？原因很简单，战友模式里，除了两个人之外，还有一个第三者，那就是目标。这是最难的。毕竟不是每个人都有自己的目标。

获胜规则

一个朋友告诉我，有一次他们部门办年会，搞唱歌比赛，赛制很特别，部门所有人分成两队，每次各出一人，分主题竞赛。

比如说，这一轮主题是少数民族，各唱一首少数民族歌曲，曲目自选。但是重点来了，怎么确定获胜方呢？不是谁唱得好谁获胜。获胜的规则是事先另外定的，密封起来，唱完之后让评委打开看。

那这场少数民族主题的比赛谁获胜呢？谁唱的民族人口多谁获胜，跟唱歌水平没有一毛钱关系。那大家会不会不认真唱了？不会，所有人仍然会认真唱，发挥自己的最高水平。

这个游戏设计真有意思。这不就是真实的人生吗？**每个人独自尽最大可能去努力，但是决定谁获胜的规则，其实事先没有人知道。**

J

机 制

有这么个段子：老婆学完了管理学，想用管理学的方法改改老公晚回家的习惯，就定下了一个机制——老公晚上11点还没回家，就锁门。

第一周，很奏效，但第二周老公的毛病就犯了，老婆按照事先的约定把门给锁了。但是慢慢地，老公索性就不回家了。那怎么办？老婆就搞出了一个新机制：老公晚上11点还没回家，就开着门睡觉。你能想到新规矩的效果，老公从此以后11点之前准时回家。

这个段子说明了什么？说明了好机制和坏机制之间的区别。**坏机制，是基于强制和惩罚的；而好机制，则着眼于拉动人内心深处的欲望和需要。**

举个例子——我是从沈祖芸老师那儿听来的，北京十一学校原来和其他学校一样，要定期检查老师们的备课本，后来就改了，改成定期收藏老师们优秀的备课本。你看，这是不是就把坏机制变成了一个好机制？

积木式创新

这些年关于社会图景的认识有一个变化。

原来，传统社会的样子看起来就是一个金字塔，上面控制下面。后来，互联网来了，我们觉得金字塔倒了，社会图景变成了流沙，不同来路的人在一起搅和，变动无常。再后来，我们终于明白，互联网社会不是金字塔，但也绝不是流沙。

投资人王煜全老师贡献了一个词，叫"积木"。**每个人，每个组织，不是随机地组合，而是各自找到自己的特色和专长，然后迅速地聚合、创新，再聚合、再创新。这叫"积木式创新"。**

观察我们当前的社会，这才是一个更有解释力的概念。

基本功

有一次，汪丁丁教授谈起中国古人教育小孩子的三门基本功，洒扫、应对、进退。

洒扫，就是洒水扫地，指的是做一些特别具体的事；应对，就是和人沟通的能力；进退，就是指在不同场合下，自己进入和退出、参与和回避的分寸感。这三种基本能力，比具体的知识重要得多。

这是古人的儿童教育，对照来看今天的成人世界，其实差不多。

今天，具体的知识随时在更新，你有多少存量知识都不够用。

所以，**第一，做具体的事，心中才有真问题，求知得到的才是真知识；第二，和人的沟通能力、协作能力，是一切能力的根本；第三，选择关头的分寸感，是要终身进步的能力。**回到根本，更重要的东西，其实还是这三样。

基因修改

科普人卓克老师聊科技，说到人类进化中一个有趣的问题：如果人类可以任意修改自己的基因，一定是好事吗？不一定。

举个例子。人类在进化历史上有一次基因突变，导致人类咀嚼肌肉群退化，变得没有力量。这次突变对于当时的人类来说，当然不是什么好事情，因为可以吃的东西变少了。但一个意外的结果是，它解除了肌肉对颅骨生长的限制，让人类的大脑容量在短短三十万年中，从400毫升增加到了1200毫升。这是一个意外的，至关重要的收获。

想象一下，如果是现在的人类医生，打死也不会做这种基因修改，因为没有任何当前的好处。

这是人类理性的一个致命缺陷，看得到眼下的好处和坏处，但是看不到长期的收益和代价。

激发

有一种论调，读书一定要读经典。比如读美学著作就一定
要从黑格尔的那几大本美学作品读起，读历史就一定要从
《史记》《资治通鉴》读起。

这个说法我不完全同意。对大多数人来说，读书是培养自
己性灵的方法，不是搞学术，所以**读书路上最有价值的节
点，是那些用人性力量激发了我们进一步探索兴趣的书，
而不是那些经典的书。**

比如，让我对美学有兴趣的是李泽厚的《美的历程》；让我
对晚清史兴趣大增的是高阳的《慈禧全传》。前一本是通俗
介绍，后一本压根儿就是小说。但正是他们带领我登堂入
室，是这两个人用他们的人格魅力点亮了我进一步求知的
路灯。

说得更直白一点，**知识获取就是自我价值生产的一种方式。
这种生产和其他生产一样，低成本、高效率同样是正道。**

及时反馈

弘一法师说过这么一段话：

人生最不幸处，是偶有一失言，而祸不及（我说了错的话，但是好像也没什么后果）；偶一失谋，而事幸成（我没有精细筹划，但是事居然还办成了）；偶一恣行，而获小利（我偶尔胡作非为，居然还拿到了一点小利益）。后乃视为故常，而恬不为意。则莫大之患，由此生矣（我要是觉得本该如此的话，那就要倒大霉了）。

这段话算是中国人的传统智慧了，难得的是说得这么精炼。你看，**人犯了错，受到了惩罚，其实不见得是什么大灾大难，也可能是老天爷给咱们的重要提醒。提醒得越不及时，后面的祸害反而就越大。**

要是这么说的话，**什么样的环境对一个人最友好？过去我们总以为宽容的环境最友好，其实也许还要加上一个条件，那就是反馈及时。**反馈及时，同时也宽容的环境，才是最友好的。

即兴戏剧

我们都知道，**即兴戏剧有一项核心技术，就是两个词，yes和and。**

道理很简单，即兴戏剧，就是没有排练，也没有剧本，两个人要想把戏剧情节推进下去，当然就不能互相否定，否则就会把表演变成抬杠。那怎么办？就是上面说到的两个词，yes，就是肯定对方说的；and，就是往里添加自己的。这样，这个表演才能持续下去。

得到高研院成都校区的罗丹同学又往前推进了一步。**什么是yes？就是对现状全然接纳的包容心。什么是and？就是支持他人的创造力。**这个解释更透彻。它揭示了两个真相，第一，现状是我们行动的前提和限制性条件，否定它是没有用的；第二，获取别人的，也包括添加自己的创造性，是我们行动的价值所在。

你看，yes和and不只是即兴戏剧的核心，更是所有想建设性行动的人的基本话语模式。

计划

得到高研院的一位同学，在分享中讲了一句乡村基层干部刷在墙上的口号，叫"**目标刻在铁板上，计划写在沙滩上**"。这是我见过的对计划和目标之间关系最好的表达。

在传统社会中，空谈目标是没有意义的，只有把目标转换成大家都能严格执行的计划，也就是大家真正能感知到的东西，才有可能发起有效的协作。所以，在传统社会中，计划比目标重要。

但是现在不同了，抵达一个目标的途径其实有很多种。**一个有效的计划，往往不是得到坚决执行的计划，而是在过程中不断改变的计划**。万维钢老师也说，"你有你的计划，世界另有计划"。

这个时候，能够让所有人看见、能够发起有效协作的，其实反而是那个咬定不放松的目标本身。所以才说"目标刻在铁板上"，而计划只能"写在沙滩上"。

记忆力

科普视频作者安森垚老师讲过一句话：我们人类的记忆力，其实比我们以为的要好得多，我们的大脑能记住超多的信息，但问题在于，我们往往调取不出来。

我也看过类似的理论，人其实是过目不忘的，但是为了减少大脑的负担，这些信息都被压制了。所谓记忆力好的人，不是存储能力强，而是建立了非常好的调取记忆的路径。

这个道理，如果放在整个社会场景里，就更是如此了。你想，今天的互联网和数字系统，其实就是人类的外接大脑，记忆问题早就不是问题了。如何把已经存下来的知识调取出来，这个问题变得越来越突出。

这就可以有两个很重要的推论：**第一，记忆知识，不如不断整理和丰富自己的理解框架，让信息各归其位，方便调取；第二，记忆知识，不如编织自己的社会性知识网络，说白了，就是认识各个方面有专门知识的人。**

纪律

据说，有人问英国著名小说家毛姆，你写作，是按照计划写，还是受灵感驱动，什么时候有灵感就什么时候写？

毛姆回答："我只在灵感来的时候才动手写作。不过很幸运，这个灵感每天早上9点钟都会准时到来。"

这听起来像是一句俏皮话，其实不是。这句话说出了灵感和纪律之间的关系。有纪律，就有灵感；而不是为了等灵感就可以破坏纪律。就像罗胖60秒，经常有人问我，你怎么每天都能有话说？其实我心里知道，如果没有这个刚性的纪律约束，我不可能做到每天输出300多字的感想。我的输出质量当然不是每天都好，但是肯定比没有纪律的情况下要好得多。

所以说，**灵感是遵守纪律的结果。而很多人，把灵感当成破坏纪律的理由。**

技巧

有一些人际关系中的小技巧。比如说，路上偶然遇到一个人，他有没有耐心跟你说话，不要看他的神态和语言，要看他的脚，如果他脚指的方向不是你而是其他方向，那他就是随时准备开溜。

再比如说，说话的时候做手势一定要双手，切忌单手，因为双手暗示的是拥抱，单手容易被理解成指指点点。

最有意思的一个技巧是，如果你到了一群陌生人当中，完全不知道他们之间的关系状态，那你就一定要准备一个笑话。重要的不是讲笑话逗他们乐，让他们喜欢你，而是在他们发笑的一瞬间注意观察，你会发现那些边笑边对望的人就是这群人中关系最好的人。谁都不看，也没人看他的人，就是人缘最差的人。

人在社会交往中，细节是最难控制的，也是最暴露真相的。

绩效

浮墨笔记（flomo）联合创始人少楠有一篇文章，说我们这代人可能正在失去创造力。为什么？因为绩效主义。

举个例子。如果我在走路，我接收到的所有信号，都是跟绩效和目标有关的，那我只有一个选项，就是跑。因为跑的速度更快，也更能展示能力，更容易赢得目光和掌声。我肯定不会舞蹈，因为舞蹈不符合绩效的主张，没有清晰的目标。

抽身出来一看，这就是个悲剧了。因为跑步并不是新的行走方式，它只是加快了速度的行走。舞蹈才是全新的运动方式。它要求我们调动对自己身体内部的节律、外部的音乐和环境的感知能力，做创造性的动作。但是不好意思，当环境全是绩效主义的衡量指标时，我们不会跳舞，只会跑步。

这就是绩效的问题，它只会"让我们一味地忙碌，而不会产生新的事物，它只会重复或加速已经存在的事物"。

假象

有一个观点说，现代社会造成了一个假象，就是你的所有问题都有人负责解决。

比如健康问题，古人说那是命，医生治得了病治不了命；现代社会里的人，认为到医院找医生就行了。再比如个人成长问题，古人说那得靠自己争气；现代社会里的人，觉得把孩子送到最贵的学校就行了。但是，只要深想一下就知道，医学再发达，也只是在有限的边界内解决问题；教育资源再好，也不能改变这个世界上牛人和庸人的比例。

所以，**现代社会是把没法解决的那些终极问题，在人类社会内部强行闭环了——这当然是一个假象。**

从这个角度，你就可以理解，为什么在现代社会阴谋论这么盛行了。阴谋论不是什么别的东西，正如哲学家卡尔·波普尔说的，认为世界上无论发生了什么事，都应该有人为此负责，这就是阴谋论。

价值链

有一个说法，有时候，一个企业的失败不见得是自己做错了什么，而是它所在的价值链的失败，是上游下游的合作伙伴出了问题。

比如，宝洁到今天做得还很好，但是它上游广告主要靠传统电视，下游渠道主要靠超市。这两个价值链上的伙伴都在走下坡路，它自己还能独善其身吗？

想想这种失败真是很要命，不容易觉察，甚至原先做得越好，就可能会陷得越深。

所以，"抱大腿"是这个时代的一种生存策略。**只要是新的优质资源，想方设法合作起来再说，不能被钉死在原先的价值链上。**

价值判断

选择权是一种非常有欺骗性的东西，它让我们觉得自己有力量，但其实剥夺了我们的主动性。

比如，价值判断，也就是说什么东西好还是不好，就是一种选择权。看起来我们张嘴就能断人祸福，但其实只是在好和不好中做一个非常狭窄的选择。

作家王小波说过这么一段话："在人类的一切智能活动里，没有比做价值判断更简单的事了。假如你是只公兔子，就有做出价值判断的能力——大灰狼坏，母兔子好。然而兔子就不知道九九表。此种事实说明，一些缺乏其他能力的人，为什么特别热爱价值的领域。倘若对自己做价值判断，还要付出一些代价；对别人做价值判断，那就太简单、太舒服了。"

这段话看得真是让人倒吸一口凉气。**偏爱做价值判断，其实也是缺乏能力的一种表现。**

坚持

有一次，我在一家公司的墙上注意到一个词——坚持。

坚持如何如何，这是一个典型的口号。为什么要坚持？好像是因为很难，或者看不到眼下的好处，所以坚持学习、坚持工作，好像拼的都是毅力。但是我这次看到坚持这个词，脑子里蹦出来另外一个想法，就是那些坚持做某件事的人，真的是因为毅力吗？未必。

我们旁观别人坚持锻炼、坚持早起、坚持读书、坚持减肥，觉得难，那是我们作为旁观者的感受，是因为我们自己感受不到那种当下的好处。但是对那些身在其中、坚持下去的人来说，他们因为自己的想象力，当然也可能因为自己的知识，看得见好处。所以对他们来说，其实并不是毅力下的坚持，而只是正常地在"行动—收益"的正向反馈中生活。

所以，**如果我们佩服一个人的毅力，还不如干脆去找找，他到底是怎么感受到这项行动给他带来的好处的。**

见怪不怪

万维钢老师在他的订阅专栏《精英日课》里面，说到一个有意思的观点。他说，什么叫人成熟了？就是对小概率事件的接受程度比较高。

举个例子。小学课本里肯定只能写冬天到，雪花飘，因为冬天下雪是大概率事件。如果写春天到，雪花飘，就肯定不在小学课本里了。这可能是一本大人看的小说，因为春天下雪不太寻常，只有心智更成熟的人才会接受。

想来也是，**所谓成熟，就是见多识广，就是见怪不怪，对小概率事件的接受程度比较高。**如果这个概念成立，很多年岁大的人就不见得成熟度高了。他们可能至今还接受不了有人把好好的工作辞了，有人终生不结婚、不生孩子。

人类历史上，成熟第一次和年龄无关。

建设性

咱们来说说感受和事实的区别。

事实这种东西，随时发生，随时也就过去了，而感受不会，它会留下来，成为既和事实脱离，但是又沉积在我们脑子里的垃圾。

比如说失败。失败一旦成为既定事实，它就已经过去了，但是沉淀在我们脑子里的感受，会让我们沉浸在失败情绪里很长时间。所以，什么是建设性？**建设性，不是一路向前，而是不断清空感受，重新回到事实。**

在工作中经常这样。一旦目标受挫，会议室里，经常会出现三种人：上进心强的人，往往心情很沮丧，唉声叹气；现实感强的人说，就这样退而求其次吧；**而建设性强的人的思路是这样的——既然事实已经如此，我们能不能基于这个事实找出另外一条路，比原来的目标还要好**。职场里的成功，几乎无一例外，都是不断重复第三种思路的结果。

江郎才尽

有记者问郭德纲："你说相声，**万一哪天江郎才尽怎么办？**"

郭德纲说："我们这个学的是技术，是手艺。一个炸油条的会恐惧有一天江郎才尽吗？"

这让我自问，我的技术是什么？我天天在讲知识讲书，但并不是我自己有多少知识，那确实会江郎才尽。我的手艺是迅速地理解别人生产的知识，然后用合适的方式表达出来。用户觉得有价值就会买单。其实跟炸油条没什么大区别。

手艺这个东西，总是越练越好，越练门槛越高。一个人或者一家公司，最重要的，就是搞清楚自己一直在练的那门手艺到底是什么。只有搞清楚了，才算看得清自己，看得见道路。

讲故事

我看过一个视频。有一个盲人在街上乞讨，面前搁着一张纸，上面写着："我是一个盲人，请帮助我。"结果，路过的人很少有给钱的。

这时候有一个女孩路过，掏出笔来，在上面重新写了一句话。神奇的事发生了，此后的路人纷纷慷慨解囊。女孩重新写的这句话是："这是美好的一天，而我却看不见。"改得真好。

过去总有人以为，讲故事，就是编一个稀奇古怪的情节。其实这是对故事最大的误解。

一个好故事的本质，是把听众或读者带入一个情境，让他们自己在里面寻找喜怒哀乐的人生体验。这门功夫可不光是写字的人用得到，讲故事已经是现代人生存的一个基本功了。

交流

如果你特别想引起某个人的注意和好感，现在她发了一条朋友圈，有几张图片，那么请问你该怎么做？

点个赞？没什么用，因为这件事已经结束了，没有下一步了。那加几个字的评论，"照片拍得真漂亮"？也没用，跟点赞的效果差不多。那再加点信息量，"照片拍得真漂亮，这是在哪里啊"？她就算是回答你了，你也不得分。为什么？因为这个问题增加了她的负担，她即使回答也只是出于礼貌。

正确的做法是什么？是写一条评论，"第三张最好看"。那你获得她回复的概率就很高很高了。为什么？因为你在她的世界中引起了一个分别，切下了一道鸿沟，造成了她自己的一个问题，她要么能回答，要么要向你求助。

所以，**和他人交流最好的方式，不是讨好他，而是给他制造一个要解答的问题，而你恰好能给出好的答案。**

骄傲

为什么说"骄者必败"？道理似乎很简单，因为你骄傲，你就容易得罪周边的人，再做事就得不到周边人的帮助，所以必败。其实，事情没有这么简单。

更本质的原因是，因为你骄傲，所以自以为不是普通人，然后就丧失了对普通人感受的理解力，也就是说你再也做不出被其他人普遍接受的事了。

就像一位作家说的，"我在写作的时候从来不考虑读者。因为我坚信，我没有什么特别之处。我只是这个星球上几十亿人中的一员。因此，如果某些事对我来说是真实的，那么对于其他几十亿人来说，这事很可能也是真实的。"所以，在写作的时候考虑自己就行了，不考虑读者。

你看，这就有意思了。**骄傲的反面其实不是谦虚。**谦虚，是指向对方的，是怕得罪对方。**骄傲的反面是什么？是承认自己并没有什么特别的地方。**

教练

有一篇文章说，找一个好教练的方法之一，就是看对方给的指令是不是简短明确。如果不管说什么，他都讲一套大道理，指引一个模糊的方向，那么这个人可能是高手，但未必是好教练。

什么是简短而明确的指令？比如，他不会说"手举得高一点儿"，而是会说"把手靠近耳朵"；他不会说"演奏的速度再快一点儿"，而是会说"跟上节拍器"；他不会说"请与销售团队更紧密地合作"，而是会说"请每天早上与销售团队沟通10分钟"。

你看，**好教练就是能站在我们的角度，知道我们能通过什么样的拐杖精确地走到下一步。**

这就要说到"教练"这个词了，英语中这个词（coach）的意思，其实是马车。找教练，不是在找站在我们对面的老师，而是在找一个值得信任的人，可以和我们一起去陌生的地方。

教训

梅特涅亲王写给妻子的一封信中有一段话：

"我们这一代人经历过法国大革命，打败过拿破仑，清楚地知道革命两个字意味着混乱、暴戾和毁灭，但那些年轻人知道吗？他们眼里只能看到旧体制的腐朽和无能，将和平与安宁视为理所应当的馈赠，为了革命的浪漫而随时可以毫不珍惜地丢弃……我怎能对国家的未来不心存疑虑？"

梅特涅是两百年前的人了，奥地利帝国的首相，欧洲列强联合打败拿破仑之后，他成了当时非常重要的一位政治家。

隔了两百多年，再来看这段话，别有一番滋味在心头。**任何价值，包括对每个人来说都至关重要的和平和安定，只要拥有了，就容易被低估，甚至要主动去否定它。所以黑格尔才说：历史给人们的唯一教训，就是人类从来不吸取教训。**

教育

社会学家赵鼎新老师说，他教育自己的小孩，就提三个要求：能写、会算、敢判断。

所谓能写，就是会表达，当然包括写作和演讲等各种形式的表达。

所谓会算，不是指算数或者数学，而是指面对复杂的情况，能够做出理性的推理和安排，先干什么后干什么，怎么找到处理事情的最佳策略。

最后一条，敢判断，这就是道德范畴的事了。道德教育对孩子最大的用处，就是节省他做判断的成本。什么事可以做，什么事不可以做，什么该支持，什么该反对，心中有了坚定的道德观念，做选择的成本就很低。

想想也是，**不仅是教育孩子，即使是成年人，一生中最重要的也是这三个维度的能力：理性决策的能力，通过表达协同他人的能力，还有因为价值观清晰而降低选择成本的能力。**

接受

我有一个朋友，很不幸得了绝症，但后来又死里逃生了。他在回顾那几年的生活时，告诉了我一个完整的心路历程。

刚开始得知消息的时候，第一反应是无法接受，"这么倒霉的事情怎么落到我的头上了？"所以，他很抓狂，极力否认。

紧接下来的一个阶段是极度沮丧，甚至折磨自己身边的人。

第三个阶段是麻木，觉得自己没希望了。

但紧接着就是第四个阶段，接受了这件事情，并把病当成身体的一个部分，甚至自己的一个伙伴。

最后，在和这种病共同舞蹈的过程中建立了一种新的平衡，他又可以开始新的生活了。

他后来总结说，**任何不好的事情，不管是事业挫折还是感情挫折，第一件要让自己做到的事情，就是控制住自己排斥它的心态，先接受，然后才能放下。**

节奏

杨照写了一本讲音乐的书，第一页就劈头提出了一个问题：为什么音乐是有节奏的？

这个问题我从没想过。答案既在情理之中，又在意料之外——因为人的呼吸是有节奏的。

音乐不是什么客观的东西，它就是我们呼吸节奏的外化、延伸、扩展。 你看那种小型的室内乐演奏，没有指挥，那几个人怎么协同？往往就是有一个主导的乐手刻意地、夸张地显现自己的呼吸，其他乐手调整自己的呼吸跟上他的节奏，然后整个乐队的音乐就协调起来了。**为什么音乐天然迷人？就是因为它是我们身体和宇宙联结的纽带。**

在社会博弈上，其实也有类似的原理。**很多时候，人和人之间争的并不是力量的大小输赢，而是谁在跟随谁的节奏。**

截然相反

财新传媒总编辑王烁老师在一篇文章里引用了作家菲茨杰拉德的一句话:"能同时拥有两种截然相反的观念,还能正常做事的人,才是有第一流智慧的人。"这话说得真好。

我们一般都喜欢把有智慧的人想象成那种价值观清晰、逻辑一致的人。但实际上,高手境界,恰恰是混沌的,而不是清晰的;是随机应变的,而不是条条框框的。

举个例子。投资理财的高手,绝对不会一味地谨慎,或者一味地大胆。他最有价值的判断,可能是在电光火石的一瞬间做出的,甚至跟他平时主张的逻辑完全相反,这才叫高手。

很多人都说,成长就是为了懂得更多道理。这句话其实应该改一下,**成长是让自己的精神世界能够容纳更多相反的道理,并且知道在什么时候使用什么道理。**

解决

创业之后，我渐渐想通了一件事——有些问题是不必解决的。

你看，我们这代人是做着题长大的，长期被教育遇到难题不能退缩。但事实上，人在真实生活中的很多烦心事，本质上不是自己的问题，而是周边关系结构出了问题。可能关系一调整，问题就不存在了。

举个例子。有个朋友创业搞软件开发，产品总不满意，总在调整。结果就出现了大量管理上的问题。这种管理问题，靠组织建设、健全制度能解决吗? 连加工资都没用!

最好的解决办法，是忘掉这些乱糟糟的问题，迅速让产品上线，让团队里所有人的注意力放到用户反馈上，放到装机量每天的变化数字上。这样团队的关系结构就变了。原来是自己人互相博弈，现在是大家团结起来和环境博弈，原来的问题自然迎刃而解。

借口

我的朋友，著名的创业者王雨豪，说了一段话。

他说："以大多数人努力的程度，还用不上谈天赋；以大多数公司所处的阶段，还用不上谈第二曲线；以大多数团队对项目完整度的理解，还用不上谈化繁为简；以大多数创业者的输出效率，还用不上谈聚焦。"

我觉得这段话有两层潜台词。第一层是说，别人的抽象经验没有用。因为每个人的状态不同，阶段不同，面对的问题不同，解决问题的限制性条件不同。第二层潜台词是，要小心把别人的抽象经验变成自己偷懒的借口。像化繁为简、聚焦，说这些词的人，没准儿只是眼前的事干不下去了，找个借口而已。

这是一个和自己作战的时代。每冒出一个念头，都得艰难地分辨一下，这是为了目标想出的办法，还是为了舒服找到的借口。

斤斤计较

美术史上有一则趣闻。1957年，画家齐白石的一位朋友求他画画。齐白石本来就非常抠门，而他的这位朋友比他还抠门。

这位朋友花多少钱来求齐白石画画呢？两块钱。齐白石一看，这也太少了，画活的动物不够，就给他画了三块咸鸭蛋，其中一块还只是个空蛋壳。求画的朋友一看，也太寒酸了，就对齐白石说："这么着吧，我再掏五个铜板，你给我加一只蝈蝈怎么样？"齐白石说："画蝈蝈可贵了，一只至少要十个铜板，这么着，我给你加只苍蝇吧。"

就在前几年，这幅画因为有了这只苍蝇多卖了200万元。

看到这则趣闻，我有一个感慨：如果当时这位朋友掏了足够多的钱，让齐白石画了一只大大的活鸭子，那也许还没有现在这幅画值钱呢。

你看，斤斤计较，有时候会逼出一个小小的创新，再加上时间杠杆，没准儿就能产生巨大的价值。

金钱观

有个朋友的孩子要去上大学了。他说，我想告诉孩子正确的金钱观，但是怎么精炼地表达呢？我就把计算机科学家吴军老师的一套说法推荐给他了。很简单，就五句话。

第一句，钱是老天爷存在你那里的，不是给你的，回头你还要还给他。

第二句，钱只有花出去才是你的。

第三句，钱和任何东西一样，都是为了让你生活得更好，而不是给你带来麻烦的，带来麻烦的钱，不能要。

第四句，钱是靠挣出来的，不是靠省出来的，而挣钱的效率取决于一个人的气度和格局。

第五句，钱是花不光的，但是可以迅速通过投资或者投机给投光。

这五句话总结真精彩。说白了，钱太显眼了，往往会遮住我们的目光。而吴军老师的这五句话，都是提醒我们**越过钱本身，看到它后面的东西，看到它本身实际上是什么，一不小心又能给我们带来什么。**

经济学

很多人对经济学有个误解，以为它是教你怎么挣钱的，其实经济学只是一种把我们从日常直觉中拯救出来的看问题的方法。

什么是日常直觉？就是简单地以自我为中心趋利避害。

比如说，我们总是觉得婚姻美满是好的，所以就劝夫妻不要离婚。我们总觉得失业是不好的，所以就尽量不让企业解雇员工。但其实离婚是因为两口子过不好，解雇员工是因为企业根本活不下去，仅仅阻止结果出现是没有用的。**这就需要跳出个人的日常直觉，从一个更客观的角度来看真实世界的运作规律。**正因如此，经济学的结论经常毁三观。

我的体会是，学点经济学不见得能让你多挣钱，但肯定能让你少受骗。

精确

项飙和吴琦的那本书《把自己作为方法》里面提到，为什么很多人对音乐和数学特别痴迷？因为它们超越了文化和语言，符合人类大脑的某种内在结构。

一曲音乐好听，一道数学题解法很精妙，全世界各个文化里懂的人都欣赏得了那种美。更重要的是，音乐和数学都兼顾了精确性和创造性。

数学不用说了，肯定是精确的，音乐也一样。弹钢琴的时候，半个音节错了就是错了，懂的人都听得出来，是没法蒙混过关的。但是，在这种精确性的基础上，又有很大的创造性的发挥空间。

你看，**过去我们认为，一个东西有魅力，是因为它有创造性的空间。其实还有一个条件，就是需要精确。**

竞争

过去，教育的目标只有一个，就是把人类社会积累的经验和知识传递下去，说白了就是智商教育。

过去的社会竞争主要取决于一个人的单体技能，你智商越高，越厉害，竞争的优势就越大。教育扮演的是一个人的充电站和加油站的角色。

但是未来，竞争的成败主要看你所处的关系网络，以及你和这个网络协同的能力。所以，未来的情商教育越来越重要。

阿里巴巴上市时，制造了无数的千万富翁。很多人觉得阿里巴巴的员工是幸运儿，潜台词就是他们不过是运气好，凭什么这么有钱？其实这没什么不公平的，因为人家所在的关系网络对头。

单个人的能力或者说聪明，越来越不是竞争的决定性因素了。

竞争策略

听老人说当年过集体生活的时候，物资匮乏，吃食堂有一个经验，"一半，二平，三溜尖"。

什么意思呢? 第一碗饭只能盛半碗，因为刚上来的饭很烫，盛半碗散热快，很快吃完，就可以去盛第二碗。第二碗饭不那么烫了，可以狼吞虎咽，但也是平平一碗就可以了，目的是有机会抢盛第三碗。第三碗饭就要能盛多少是多少了，所以要溜尖。

这种生活经验，我们以后的中国人再也用不上了。不过，作为一种竞争策略，还是很有参考价值。

竞争的每一个阶段，我们要盯住的，其实是两个变量，第一个变量是环境本身的变化，就是刚才说的饭烫不烫的问题。**第二个变量，就是这一轮的行动能不能帮助我们在下一轮竞争中处于领先优势。**和这两个变量相比，当前这一局的输赢其实并不重要。

竞争对手

在阿里巴巴前CEO卫哲的一篇文章里看到一件有趣的事。

有一次，马云带队去美国考察，见到了很多公司的一把手。通常他都会问一个问题：谁是你们的竞争对手？一路问下去，最后问到了谷歌的创始人拉里·佩奇，得到了一个奇怪的答案。拉里·佩奇说，是NASA（美国国家航空航天局）和奥巴马政府。

这是为什么？拉里·佩奇的解释是：**谁跟我抢人，谁就是我们的竞争对手。**

其他公司抢我们的工程师，我们不怕，我们可以开更高的工资抢回来。可是我们的工程师去NASA或者奥巴马政府工作，他们可以忍受只有我们这里五分之一，甚至更低的工资，我们还抢不过，这就麻烦了。这说明，虽然谷歌描绘了一个很大的梦想，但是还有别的地方梦想更大，做的事更好玩。所以说，谁跟我们抢人，谁就是我们的竞争对手。

境界

清末的湖广总督张之洞有一句名言："我平生有三不争，一不与俗人争利，二不与文士争名，三不与无谓人争闲气。"

这话说得在当时就有人拍案叫绝。当然，他自己也不见得就做到了。

这三条当中，最难的就是"不与无谓人争闲气"这一条。争名争利，都是为自己争，为未来争，争的是增量部分，争一争倒也无妨。而争闲气就不同了，因为它是为身外之物争，为过去争，争的是存量部分。

我的一位老前辈跟我说过，**人的境界就看他怎么定义自己的尊严。**有的人被别人看一眼就觉得被触犯了尊严，这就是流氓的境界。有的人受胯下之辱也没觉得怎么样，这就是韩信的境界。**境界越高的人，就越看似没什么尊严，但那往往是因为你看不到他真正看重的东西。**

就事论事

有一个刚工作的年轻人问我，同事之间说话有什么要注意的。

我觉得只有一条，就是**永远保持建设性立场，就事论事，解决问题。**这个原则看似简单，做到其实不容易。

有几种类型的话是坚决不能说出口的。第一种类型，是讲资格，比如"你没有孩子，你有什么资格讨论教育问题"。第二种类型，是讲动机，比如"我这是为你好"或者"你这么说话到底什么意思"，这都是从动机角度讨论问题。第三种类型，是讲道德，"你上个月不是这么说的，你怎么出尔反尔"。第四种类型，是讲责任，"这个事情不归我管"。

你发现没有，这四种类型，**讲资格、讲动机、讲道德、讲责任，本质都一样，就是回避就事论事地讨论问题。这样，不管说得多热闹，这场交流都毫无意义。**

拒绝

在工作中，跟别人学习，主要学习什么? 我的体会是，要学习别人的行动模型，而不是具体的做法。

举个例子。我经常不得不拒绝别人的请求，比如邀请我去参加个活动，我去不了。那怎么拒绝呢? 态度谦和、礼貌就够了吗?

最近我就看到了一个很好的行动模型，**简单说就是两步。第一步，要说对不起，抱歉。这个我们都会。但是别忘了还有第二步，叫"你可以"，也就是指出对方还可以从哪个方向获得帮助。**比如你请我，我去不了，但是我建议你去请请谁，或者你换个什么时间再来找我，或者你可以用个什么样的替代方法，等等。

一次拒绝，只有包含了这两步，才能让对方体会到真正的善意和建设性，并且不让拒绝成为对交情的伤害。

具体

插座App的创始人何川说了一段话。他说，**过得幸福的前提，是学会具体。**

比如你说，"我要多读书"，这个目标是不对的，因为它不具体。具体的方式是：本周读完某本书的第二章。再比如你说，我要找一份好工作。你看，这还是不具体。具体的方式是：我必须进入某个行业，专注某个技能，干到什么水平。你说，我下决心要断舍离。你看，还是不具体吧？具体的方式是：哪几件东西今天就要扔掉。

这段话说得有意思。很多人以为，人生的选择，要么是眼前的苟且，要么是诗和远方。其实这个选择没那么重要。

真正重要的选择，是选择抽象还是具体。如果选择眼前，那请问你要用多长时间达到眼前的目标？如果选择远方，去多远？怎么去？**只要具体，在哪里都不会是苟且，去哪里都不会是不切实际的妄想。**

启发

决策

做决策这件事，之所以难，并不是因为搞不清楚选择的利弊，而是有两个因素干扰。

第一个因素是大量的存量包袱，比如你的习惯、你的既得利益，等等。第二个因素是各种情绪，比如焦虑、恐惧、厌恶，等等。

所以，**做一个重大决策，有一个很巧妙的心法，就是要想办法启动一种旁观者心态。**比如，假设这件事发生在你朋友身上，你给他出主意，你是支持还是反对。再比如，假设是十年后的你在给现在的你提建议。再比如，不仅想选择哪个好处大，也可以反过来想想，放弃哪个你比较舍不得。

这些方法的目的，都是让**你抽离出来，摆脱存量因素和情绪因素的影响。**

决策模型

最近我看到了一个非常简洁的决策模型，叫**"小事抄作业，大事凭感觉"**。

所谓小事，就是今天穿哪套衣服、中午点什么外卖，做这类决策的方法，就是"抄作业"，别人怎么弄咱就怎么弄，不值得费心。那大事呢？比如说选行业、选伴侣，怎么决策？要相信感觉，问自己喜欢不喜欢，而不是算计。

你可能会说，这里面怎么都没有理性的空间？我看到的下面这句话很精彩：**人类的理性不是凌驾在感性之上的，而是为感性买单的。**什么意思？你根据自己的热爱，也就是用感性做了选择，一旦将来遇到了挫折，理性就会第一时间跳出来解决问题。反过来，如果最初的选择过于理性，一旦遇到问题，你的感性就会跳出来拖后腿。

所以，**跟我们的直觉不一样，人类有理性当然很珍贵，但是在决策的时候，感性比理性重要。**

K

开 放

哲学家维特根斯坦是个富二代。年轻的时候，为了搞哲学，他想找一个不受打扰的地方安静思考，于是就去挪威的一个小木屋里一个人待了一年多，结果收获不大。

随后第一次世界大战爆发，他迫不及待地想上战场，但仗没打多久就被俘虏了。在战俘营那种最混乱的环境中，他反倒灵感大爆发，完成了《逻辑哲学论》这本书。这本书在哲学界地位很高，被一些人认为是彻底解决哲学问题的书。

你看，最封闭的状态下想不通的问题，反而在乱糟糟的战俘营里想通了。

这件事给我们的启发是，你要是想搞一个创新的工作，抱定任何原则封闭地搞，没准儿效果最差。**创新往往是一个开放的格局下四处乱撞的偶然结果。人类文明发展的基本方向是开放。**

开会

有一种开会的方式，是给每个人准备一份备忘录。

备忘录中要包括这个会议要讨论的主题，会议的基本情况，等等。会议开始的时候，所有人都别说话，先静默地读这份备忘录。据说这个方法的发明人是亚马逊的贝索斯。他参加的会议，最长的这段静默时间居然能长达半个小时。

你可能会说，开会难道不应该是大家先分头做准备，然后带着对信息的理解，带着成熟的意见来开会吗? 对，但那是理想情况。在真实世界里，太多人的日程是被排满的，他们压根儿就没时间准备。与其逼着他们在会议中表演熟悉情况，表演深思熟虑，还不如诚实一点，干脆在开始的时候专门给大家一点时间，专注地了解情况，整理思路。这样反而效率更高。

你看，**有时候增进效率的方法也很简单，就是放弃想当然，正视现实。**

K

开卷考试

说到学习，我的朋友老喻有一个很有趣的角度。他说，未来的学习，本质上都是作弊，都是"开挂"。

为什么这么说？你看，过去学习的目的，是要把知识装进自己的脑子里，好来应对挑战。但是未来呢？知识的量那么大，你不可能都装到自己脑子里了。**学习的目的，是知道哪些知识在哪里，以什么形态存在，怎样才能找到它们，用什么代价能调用，这就行了。**

他举了一个例子，你学了一个学期的德语，现在要考试。老师说是开卷考试，你可以带一切学习资料，字典、参考书，什么都可以。那请问你该怎么做？

你应该跟老师确认一下，真的什么学习资料都可以带吗？老师说可以。那你就该带一个活的德国人。

你看，**未来世界比拼的，不再是你的脑子里有什么，而是你能调动什么来帮你"开挂"。**

抗压

有一次，我和一位心理学家聊天。他说，人怎样培养自己的抗压能力呢？最好的办法，就是培养一门爱好，不管是养花、钓鱼，还是潜水、集邮，都行。

但是，你的爱好要符合两个条件：第一，得没有任何功利动机；第二，你得在上面花了大量的心力和时间。

过去，我们理解这种爱好，就是打发时间，甚至是玩物丧志。但是这位心理学家说，不是，这种爱好，对一个人来说，其实是一种内在的人格建设。**用心血浇灌出来的一个小世界，平时看着什么用处都没有。但是，一旦人遇到了外部的重大冲击，比如说事业挫折什么的，因为有了这个内在的小世界，人格就不至于崩溃。而从外面显现出来的，就是这个人的抗压能力特别强。**

说白了，一个人在这个世界上总得有点什么东西舍不得。**我们拥有的东西其实不是我们自己，我们舍不得的东西才是我们自己。**

考场逻辑

一般来说，我们都觉得好学上进这件事肯定是对的。

可是你会发现，一个人如果已经大学毕业了，还整天把学习这件事挂在嘴边，没准儿反而要坏事。

我就认识好几个这样的年轻人，表面上谦逊好学，但是和周边人相比反而显得能力比较差。为什么? 其实并不是真的能力有问题，而是他们有个错误的思维模式: 我没准备好，我要继续学习，磨刀不误砍柴工。可是你想，这个社会上哪件事情是准备好了才干的? 于是，就耽误做事了呗。

所以大学毕业之后，在生活中就不能遵从学生时代的考场逻辑了。**考场逻辑是，只要努力学习、认真准备，你就会取得好结果。而实际社会生活中赢家的逻辑是，先定一个目标，干起来再说，边干边学边想办法。**学习从来不是一件单独的事情。

考试

有一次，我在某个场合遇到一个年轻人。他说特别想加入我们公司，说了一堆向往什么的。我就问，那你说说你自己吧。他说，"我有对知识的好奇心""我能刻苦地工作""我能充分地和同事协作""我能坚决以完成任务为导向"，等等。反正就是面试的时候夸自己的那些话。

我说："好，你给我们的邮箱发个简历吧，同事会安排你面试的。"
他问："你们邮箱是什么？"
我说："网上有。"
他说："我找了半天，也找不到你们的邮箱。"

这件小事让我很感慨。其实，这不是说这个年轻人能力不行，而是他的思维方式是被考场培养出来的。他习惯了准备得很好的考场，他自己只需要在考试铃声开始之后，好好表现自己。他没太意识到，**出了学校之后，考试无处不在，考试随时可以开始。在成人的世界里，没有考试铃声。**

考研

很多大三学生要面对一个选择：到底是该找工作，还是该考研？

我发现，很多人是用攒钱的心态对待考研这件事的：我要参加社会竞争了，那我的准备度够不够？好像还不够，那我再去考个研，多攒点知识、资历和准备时间。你看，这是不是攒钱的心态？

但还有一个看待这件事的模型，那就是投资模型。**我要把未来两到三年的时间当作一个投资，那我要投到哪里去？** 如果读研究生，那就意味着，你判断清楚了，未来你要从事的那个职业，比如搞学术，学历高是一个核心竞争力，所以值得你投资两三年时间提高学历。如果直接去工作呢？这意味着你投资的方向变了，你未来从事的那个职业，经验是核心竞争力，所以要投资更多的时间去获取从业经验。

这么一想，是不是要考研，就没那么纠结了。

靠谱

一位人力资源行业的资深人士说自己是怎么识别一个人是不是靠谱的，很简单，就三条。

第一，看这个人在面对一个突如其来的任务时，第一反应是什么。是倾向于行动，还是倾向于反抗？有人的直觉是批判这个任务不合理，有人是马上找解决方案，那当然后一种人靠谱。

第二，看这个人用什么态度对待地位明显不如他的陌生人，比如饭店服务员什么的。

第三，问我们自己，如果我和这个人一起出差，飞机误点了，我愿意和这个人在候机室一起待几个小时吗？

这三个问题说明什么？说明三点：**第一，这个人有进取心；第二，这个人有善意；第三，这个人有吸引力。三点都符合，这人差不到哪里去。**其实每个人的自我修炼也可以参考这三个方面来进行。

科学和技术

1931年，爱因斯坦和他的妻子到美国加利福尼亚州的一个天文台参观，那里有世界上最大的望远镜。

天文台的人就跟爱因斯坦夫妇介绍，这个望远镜多昂贵多先进，天文学家怎么用它研究宇宙，等等。

爱因斯坦的妻子艾尔莎淡定地说，嗯，挺好，我老公干这个事用的是一个旧信封的背面。意思是，要什么望远镜，我老公纯粹靠思想和纸面推演就可以。

这个故事可以帮我们理解科学和技术的区别。过去我们都说科技，是把科学和技术混为一谈的。其实，**科学更多的是一种思维方式，而技术更多的是一种实践体系。科学发展靠的是一群不以实用为目的的聪明脑袋，而技术发展靠的是大量的实践、混搭、跨界、试错。**

科学人

我个人认为，中国最好的科学脱口秀专栏，是《卓老板聊科技》。我特别喜欢卓克老师的开场词。他说，知识这东西就得经常核实和订正，尤其是那些从别人那里听来的知识。

有一次我问他："从你这儿听来的知识得随时订正，那没订正能力的人，不就装了一脑子错误吗？"

他说："对啊，这没办法，只能错下去，保持学习，直到有机会发现那个错误。"

卓老板的这句话其实讲到了科学最深处的精神。**科学的神奇之处，不是制造了一堆新知识，而是制造了一种新人类。其他人坚信自己知道的是对的，而科学人则坚信自己知道的随时可能是错的**，这中间有一道观念鸿沟。我听卓老板的节目，不只是为了学知识，更是为了跨过这道鸿沟。

可持续

我们经常说，要做可持续的事。**那什么是可持续的事？**

其实有一个简单的标准，就是想一下，你现在做的事，将来万一有一天你走了下坡路，它会起什么样的作用？

比如，用收买和贿赂的方法获得同盟军，就是典型的不可持续的事。你想，纯粹用金钱收买的同盟军，他对你的忠诚度和你掌握的资源成正比。你在上升期的时候，当然没问题，但是万一哪天你走下坡路了呢？也就是说，在你最需要盟友的时候，盟友最有可能背叛你；在你遭遇危机的时候，危机恰恰会被加重。

你看，一件事不好，不仅在于它在道德上站不住，还在于你可能亲手埋下了一个严重的隐患。未来发生的危机，看起来虚无缥缈，实际上非常有用。它不见得真的会发生，但它是做眼下决策的一根最好的思考辅助线。

可信

作家冯唐讲过获取信任的三个要素：可靠、可信和可亲。但可靠和可信不是一回事吗？冯唐说不是。

可靠，是自己靠谱，所谓"凡事有交代，件件有着落，事事有回音"。而可信，是自己所处的社会网络对自己信任。以冯唐本人为例，他是协和医院的名医郎景和的弟子，仅仅凭借这个身份，他在医学界就是可信的——还真是这样。

有一次，我听说一个朋友的公司招司机。公司看重的不仅是司机的技术水平，还有以下三点：第一，这个人得结婚了；第二，他得和家人住在一起；第三，他得有孩子，而且孩子还得正在上学。你看，这三点都是一个人的外部社会条件。符合这三点，他大概率就是一个勤恳工作、有责任心的人。

所以，**要想获取他人的信任，不仅要自己能力强，还要让自己身处合适的社会网络之中。**

渴望

有一位教广告学的老师说，你要是想创作一个卖水的广告，待在云南想是想不出来的，得先去新疆待三个月，回来就知道云南的水好在哪儿了。同样的道理，如果你要卖新疆的沙漠旅游，先去云南待三个月，然后就知道怎么推销新疆的沙漠了。

这个例子讲出了**过剩时代的一个商业核心难题——怎样去制造渴望**。

在过去的匮乏时代，消费者的需求是明摆着的，无非是衣食住行用。企业开足马力满足这些需求就可以了。但是在产能过剩时代，刚性的需求都被满足了，遍地都是水和沙子，你要是不能制造出渴望，这生意可就难做了。

而渴望这个东西，难就难在，它不出现的时候，消费者并不知道自己渴望什么。

克制

趁早的创始人王潇有一个说法，说应该"摆脱多巴胺，追逐内啡肽"。

简单地说，你想要什么，得到了，身体就会分泌多巴胺，让你快乐，这是一种奖励机制。而你做一件事，非常痛苦，身体就会分泌内啡肽，让你不那么痛苦，这是一种补偿机制。打游戏，就会分泌多巴胺；而健身，就会分泌内啡肽。

后来，我又看到了一个说法，**"低级的欲望通过放纵就能得到，而高级的欲望需要克制才能获得"。**对啊，想大吃一顿，放纵就行了；而想减肥获得好身材，那就得克制才行。

你看，自己爽了，身体会分泌多巴胺。而通过克制和努力，获得了某个结果，不仅身体会分泌内啡肽补偿你，整个社会也会补偿你一下。里里外外都补偿，克制还是很划算的。

刻意

近代著名书画家吴昌硕有这么一句话："不鼓努以为力，不逞姿以为媚。"这句话原本是针对篆刻艺术说的，但是我第一次看到时还是很有感触。

什么意思呢? 就是**你的力量，不能来自非常费劲的努力；你的魅力，不能来自刻意造作的姿势。**

这番话听起来有点让人费解。不努力上进，哪儿来的力量? 不刻意经营，哪儿来的魅力? 但你仔细一品，会发现这番话反对的，不是努力的过程，而是我们对外界呈现自己时，过于使劲，过于刻意。

举个例子。我们平时练习写作，可以极其认真、极其努力，但是在写具体的一篇文章时，就要按照自己谋篇布局、遣词造句的日常水平去写，不能一味地追求一鸣惊人。否则，不仅做不到一鸣惊人，反而容易让高手看出破绽。更重要的是，这会让我们讨厌写作，以致最终放弃写作。

客服

有一次公司来了一个姑娘面试，应聘的是我们的客服主管。姑娘各方面条件都很好，就是性格显得有点强势。

我们就问："姑娘，做客服不是应该性格温和一点吗？你这么强势，怎么还能做客服呢？"

姑娘说："一个专业客服为用户提供的最重要的价值，不是态度，而是效率，也就是能迅速帮助用户解决问题。在生活中，性格温和有优势；但是在工作中，性格强势的优势更大。

"为什么呢？**因为工作效率的关键，是确认每件事的边界。**一个温和的人，被用户骂几句，玻璃心就碎了，这是搞不清工作和生活的边界。一个温和的人，在该结束对话的时候很难把电话挂断，这是搞不清自己和他人的边界。所以，性格不强势一点，反而干不了客服这一行。"

不得不说，姑娘说得很有道理。

客户需求

我朋友圈里的一个餐馆老板贴出来一张外卖订单。客人订的是什么呢？小炒肉。但是备注里面赫然写着：不吃辣。这不是难为人吗？

过一会儿，他又贴出一张外卖订单，客人点的是水煮鸡。但备注上写着：能多放点猪肉吗？又是一个无厘头的客户要求。

过去我们一直认为，服务业的核心精神就是要满足客户的需求，但从前面两个例子来看，客户的需求其实是一个非常模糊的东西。他在下单的时候，也许真的是想吃小炒肉，但是他又真的怕吃辣，于是两个自相矛盾的愿望就这么提出来了。

我们都当过客户，可我们真的知道自己的需求是什么吗？并不一定。很多情况下，我们更想让一个值得信任的人或品牌给我们一个需求。所以，**这个时代，服务的核心精神，也许就是能创造出一个客户需求，并且让它被普遍接受。**

启发

客体化

润米咨询创始人刘润老师说过一种自我修养的方法：抽身出来看自己，自己不住在自己的身体里，也就是把自己"客体化"。

这么说有点抽象，来看一个具体的例子。比如，你问自己一个问题：我如果是老板，会雇我这样的人吗？这是一个很神奇的问题，看着简单，但是很多人一想这个问题，马上就吓一跳。对啊，我这么懒，这么小心眼，我要是老板，肯定把这样的人开除了。

这个问题你还可以接着问：我如果是老板，会让我这样的人升职加薪或者独当一面吗？答案放在自己心里就好。你看，这就是客体化。**把自己当成另外一个人，马上你就能获得一个更冷静客观的思考基础。**

课程

李希贵校长有一个洞察。他说，**学校是干什么的？是把未来社会的复杂性压缩在一个小环境里，让学生在进入社会之前提前体验一遍。**

你看，学校里有那么多个性不同的人要相处，有那么多挑战要应对，很复杂的。但是学校和社会相比还是安全得多，在学校里，学生不怕失败，可以安心地试错。

理解了学校的这个本质，就可以重新定义什么是"课程"了。课程不仅是把知识往学生的脑子里装，课程的作用还体现在，把社会的某个方面用非常浓缩的方式展现给学生，让学生提前在里面感受一下，摸爬滚打一番，发掘出自己的潜能。比如计算机课，不是让学生真的把计算机水平提高到什么程度，而是让学生提前知道自己喜不喜欢计算机。

你看，**课程不仅是知识的"注射器"，还是学生自己的"体温表"。**

恐惧

和一位心理学家聊天，他说，人类最不好的情绪就是恐惧。富兰克林·罗斯福不是说过吗，我们唯一值得恐惧的是恐惧本身。

为什么？因为人类的情绪是在进化过程中形成的，本来都有用。比如恐惧，一旦遇到危险情况，不管三七二十一，掉头就跑，就可以避免被伤害。

但是进入现代社会之后，情况变了。遇到不好的事情，你跑，往哪儿跑？每一个人都被财产和社会分工限定在某个位置上，遇到事情最好的办法是硬着头皮去解决问题，而不是跑。所以，几百万年进化来的恐惧本能反而成了我们的拖累。

每一次不由自主的恐惧，比如怕完不成任务，怕丢脸，怕被老板骂，等等，回头一看，**它所造成的伤害，比那个后果真正发生造成的伤害还要大。**

恐惧清单

少楠拉了一张有趣的清单——**恐惧清单**。简单地说，就是遇到一件恐惧的事情时，我们可以参照去思考的七件事。

第一，事情的定义。

第二，我对它的恐惧程度。

第三，我现在能想到的预防措施。

第四，如果预防不了，那我的修复措施是什么。

第五，我尝试修复它，能带来什么好处。

第六，如果不这么做，半年后的代价是什么。

第七，如果不这么做，三年后的代价是什么。

你可能会说，把这个清单拉出来，把答案填上，能有什么好处呢？首先，把一个巨大的未知问题变成很多具体的小问题，本身就是迈向解决问题的一大步。其次，在恐惧面前，我们原本只能做应激反应，要么战斗，要么逃跑。而拉出这张清单，最大的好处就是，终于把理性调动出来，可以着手解决问题了。

控制力

美国有一家公司，每次招聘员工，培训之后，签约之前，会给这些人一个选择：如果你不喜欢我们公司的做事方式，现在就辞职，我们给你1000美元。不辞是吧？那好，再加。这个辞职奖金后来居然加到了4000美元。但是大部分人还是留下了，而且留下的人干得都很好。

这个制度有两个用处。首先，是把真正喜欢这个公司的人筛选出来了，如果你只是为了钱，给你钱了，可以走人了啊。但更重要的是，让每个人在心底进行了一次权衡——我是损失了4000美元，自愿付出了代价，才加入这家公司的——当然工作积极性就不一样。

你看，**改变一个人的看法，最终的途径不是说服，而是让他感觉这件事是由他自己控制的。**

口头表达

在微博上看到作家阿城的一段话。他说："二十年前有一个小册子叫《中国闲话闲说》，讲的是中国世俗和中国小说。那本书是台湾《时报》出版社的经理跟我说约一本书。我就把历次关于这个话题的讲演集合在一块，反映了上个世纪90年代初听众的水平。"

你有没有觉得奇怪？他说这本书"反映了上个世纪90年代初听众的水平"。一本书，反映的应该是作者的水平，怎么反映的是听众的水平呢？

事实上，你要是理解了阿城这句话，就理解了书面写作和口头表达之间的核心区别。

书面写作是写自己想写的，对象感可以任意设定，甚至可以设定成不给人看。但是口头表达不行，口头表达必须有对象，而且必须让对象听懂。所以，阿城才说，这本讲演集反映的不是我的水平，而是20世纪90年代初听众的水平。

夸奖

我们都知道一句话，好孩子是夸出来的。但是凯叔讲故事的创始人王凯有一次说到这个话题，就说，这话没错，但怎么夸，还是有学问的。

比如，你不能夸孩子聪明。为什么？因为聪明是一种禀赋，你夸他聪明，其实把孩子锁定在了一个自我认知上面：哦，我是个聪明人，我要不断地证明我聪明，凡是显得傻的事都不能干。于是，孩子对陌生事物的探索能力反而被限制住了。

那应该怎么夸呢？你想让孩子往哪个方向发展，你就朝哪个方向夸他。比如，"你现在弹钢琴的姿势非常优雅；你这次很努力，果然有进步；你居然这么会关心其他人"。这种夸，就会给孩子一个推进自我的方向感。

不仅是孩子，成人也一样，每个人都需要被肯定。如果被肯定的是现状，他就会倾向于维持现状。如果被肯定的是方向，他就会倾向于维持努力的方向。

框架

看了一本有趣的书，叫《别想那只大象》。

书中有一个有趣的观点：有人对你说，请不要想象一只大象，做什么都行，就是不要想象一只大象。你会发现，没有人能够做到。因为每一个词语其实就是一个认知框架，一旦说出来，就是唤醒。不管你是肯定还是否定，你都已经在框架中了。

所以，**我们在日常生活中最需要警惕的，就是按照别人提供的框架想问题。虽然你觉得赞成和反对是你自己做主，但实际上，当家的人不是你，而是给你这个框架的人。**比如说，有人说尼克松是个骗子，尼克松在电视节目上就反复解释我不是个骗子，结果是所有人都认为他是个骗子。

分辨不同的语言框架是一种基本生存能力。

匮乏

《小王子》里说，"本质的东西眼睛是看不见的"，"沙漠之所以美丽，是因为它在某个地方隐藏着一口水井"。

我们通常觉得一件东西很重要，说到底是因为匮乏。比如我要是缺钱，钱就重要；我要是病了，健康就重要。

但是，当我们置身事外看一个对象——比如一个公司、一个城市时，我们通常都看不到真正的重点。为什么? 不是我们不了解信息，而是我们不知道那些置身其中的人正在为匮乏什么而焦虑。

《小王子》里的话给我的一个启发是，**我们不能轻率地说自己了解一个人，再熟悉也不行。除非我们真的明白了他内心匮乏的东西是什么，以及他正在通过什么样的努力弥补这种匮乏。**了解一个人和了解一块沙漠一样，我们得知道隐藏的水井在哪里。

L

垃圾箱

你有没有想过这样一个问题：人们把垃圾丢在地上的原因是什么？

答案有三个选项：A.人们的素质太低；B.地球的万有引力大；C.垃圾箱的魅力不够。

我们的直觉是什么？当然是A了，人们的素质太低。B和C都太扯了。

但是，英国有一个组织选了C——垃圾箱的魅力不够。他们的理由很简单。如果你选A，人们的素质太低了，那解决这个问题就要改变成千上万的人，办不到嘛。如果选C，那只要改变为数不多的垃圾箱就可以了。站在做事的人的角度，这才是正确的逻辑。

你看，这个题目的三个答案，**其实是三种人看待世界的角度：袖手旁观的评论家选A，一切都是别人的错；没有人文精神的人选B，一切都是客观规律；做事的人选C，他们总是能找到一个改变世界的、马上去做的起点。**

辣椒

辣椒为什么辣？因为里面含有辣椒素。那辣椒为什么会演化出辣椒素呢？肯定是为了防止被动物吃啊——这是辣椒的防身武器。

但是这个策略，遇到人类就没用了——人类爱吃辣。请注意，辣的感觉不是味觉，而是痛觉。说白了，爱吃辣，是人喜欢上了受伤害之后带来的快感。

你看，人类这个奇葩物种，让辣椒给遇上了，算它倒霉。但问题是，辣椒倒霉了吗？并没有。人类爱吃辣，导致现在全球辣椒种植面积约200万公顷，年产量约4000万吨，辣椒因此成了植物界非常成功的物种。

发生在辣椒身上的这个故事，真是"祸福难测"这个词最好的注脚。它也顺便告诉我们一个道理：**自己有什么本事很重要，但跟什么人协同进化更重要；自己能抵挡伤害很重要，但跟一个厉害的家伙结成伙伴更重要。**

栏杆

巴菲特有一句名言："在投资方面我们之所以做得非常成功，是因为我们全神贯注于寻找我们可以轻松跨越的1英尺栏杆，而避开那些我们没有能力跨越的7英尺栏杆。"

你看，这句话里面有两种做事的方法。

一种，是所谓跨越七英尺的栏杆，凡事找最难的去做，这只适合那些极有天赋的人。

还有一种，就是寻找那些一英尺的栏杆，难度低一些的。 这可不是避重就轻，首先，你得找到很多根这样的栏杆；其次，你得找到跨越它们的可重复的简单动作。**简单、重复，就能取得超乎想象的回报。这种方法其实更适合我们普通人。**

懒蚂蚁效应

听说了一个词，"懒蚂蚁效应"。说的是，一个蚂蚁群里有80%左右的蚂蚁在认真干活，打扫卫生，找吃的，忙得很；还有20%，什么活儿都不干，这20%就叫"懒蚂蚁"。

可蚂蚁群是缺不了这些"懒鬼"的。它们闲逛，实际上是在四处碰运气，寻找另外的食物，它们的行动没有特定目的，保持和群体的差异化。**平时它们是没什么贡献，但是一旦原来的食物源头枯竭了，想要拯救蚂蚁群，就得靠这批见多识广的懒蚂蚁了。**

这么看来，人类中那些爱发表奇谈怪论的思想家，其实也是"懒蚂蚁"。他们整天研究一些没什么用的问题，但是他们的作用也很大。**一方面，他们是在探索人类未来的生存通道；另一方面，他们也在为现在的文明方式保留珍贵的差异化。**

劳力士

有一篇文章说，黑社会老大的手上要戴劳力士表，背后有三个原因。

第一是因为劳力士很贵，如果这些黑社会老大犯了事儿，要跑路，那变卖这块随身的表，还能有个生计，或许还能借此东山再起。

但是比劳力士贵的表有很多，为什么非得是劳力士呢？这就牵涉到第二个原因了。

劳力士的变现能力最强，在世界各地的赌场里，劳力士都是硬通货，随时可以换成钱。其他的表虽然贵，但是没有这种便利性。

那第三个原因呢？所有黑社会老大都戴劳力士，某个老大如果变卖过劳力士，要在东山再起之后，按照1.5倍的价格把它赎回来，否则不吉利。这已经是黑道的一种文化。

你看，**一个东西想流行，总是要经历这三个阶段：先提供价值，再让价值具备通用性，最后让价值上升为一种文化，反过来还能强化价值本身。**

老板

有一位老板跟我讲他的心得。他说，什么叫企业管好了，就是老板从"踩油门的"变成"踩刹车的"了。

绝大多数老板觉得自己牛哄哄，是企业的"灵魂""舵手""发动机"，无所不能。其实这是因为他们根本就没办法让每一个同事都有自我驱动的能力，所以只能累死自己。更重要的是，这样的企业很容易翻车。因为老板是"踩油门的"，那一旦方向错了，或者速度快了，就没有任何力量能给他"踩刹车"了。

真正的好组织，这个关系是倒过来的：人人都自我驱动，每个层级都有活力。老板只干一件事——"踩刹车"，通过调节资源，制止那些过激的做法。

那位老板总结说，**搞管理，管住什么不重要，重要的是能够激发活力；做正确的决定不重要，重要的是少犯错误。**

老年生活

日本人日野原重明写了一本书，名字叫《活好》。这位老先生一百岁的时候开始写诗，一百零二岁出版了自己的诗集和童话绘本，一百零三岁的时候第一次挑战骑马，一百零五岁写了这本书。

这本书当中最让我动容的，是这么两句话：**"如果寿命足够长，我们就可以获得足够的时间来探索未知的自己。虽然一个人不可能彻底明白自己，可是越来越了解自己所带来的喜悦，远远胜过年老体衰的痛苦。"**

这句话真好，因为它回答了一个问题：当我们变老的时候，是不是一切都在变得越来越糟糕？并不是。至少有一件事是变得越来越好的，那就是我们对自己的了解。对啊，岁数越来越大，了解世界的能力肯定是下降了，但对自己的探索是可以渐入佳境的。

你看，**要想老年生活得快乐，就得形成探索自己的习惯和乐趣。**

乐观主义者

越战期间，有很多美国军人当了俘虏，有的人活到了战后，有的人则没有。《基业长青》的作者吉姆·柯林斯拜访其中一位活下来的军人时问："你是怎么熬过来的？"这位军人想了想说："我从来不怀疑我可以出来。我有这个信念。"

"那什么人没能出来呢？"这位军人回答："就是那些乐观主义者。"吉姆·柯林斯说："你又说坚信自己能出来，所以出来了，又说乐观主义者死得快，这不是自相矛盾吗？"

这位军人说："不矛盾啊，那些乐观主义者并不是真正有信念，他们只是天天在想，今年圣诞节之前，我一定出得去；复活节之前，我一定出得去……然后反复失望，最终就抑郁了。"

你看，**真正的乐观主义者，不是对任何具体结果有预期，而是有一种毫无来由的信念。**

冷漠

我读人物传记有一个心得，就是牛人的性格当中都有点适度的冷漠。

在一般的观念里，我们都会颂扬热情的价值，贬低冷漠的价值。但**热情是什么？究其实质，它是一种总想和别人融为一体的、获得认可和安全感的情绪。而冷漠这种情绪正相反，它在隔断和其他人的联系，专注于确立自己的存在价值。**比如，乔布斯不做公益慈善。再比如，杰克·韦尔奇公然说"我不需要员工喜欢我"。

混沌大学创办人李善友教授的一句话对我触动也很大。他说："我岁数越大就越不在乎别人的看法，在别人看来就是我越变越坏了。"表面上看，他是更"坏"了；实际上，他只是不想受外界干扰，更专注于自己了。从这个意义上讲，冷漠也是一种正面的力量，只是长期被我们漠视和低估了。

李白

看到作家张大春对李白的一段评价，有一点莫名的感动。

他说，李白这一生，当官没几天，总是和那些底层官员交往。什么县尉、参军、别驾、司马，等等，都是小官。比如那首"桃花潭水深千尺，不及汪伦送我情"，汪伦就是个县官嘛。李白留下来的诗不到一千首，大部分是为这些小官写的，最具才情的名作也是这部分。

张大春说，这些小官是士大夫阶层的边缘人，生活本来没有什么希望，只有李白愿意把自己的才气布施给他们。所以说李白，"于无可救药之地，疗人寂寞，是菩萨行"。这是大慈大悲的菩萨一样的行为。

在没有什么目的性的地方，专注而认真地为自己，也帮别人找到意义，这是一个人最好的活法。

理想

我认识一个旅行品牌的老板。他的品牌很"高大上"，会让你联想到什么背包客、远方、一次说走就走的旅行，等等。可是做这些事的人毕竟是少数，只做这些人的生意，公司不就赔了吗？

那位老板跟我说，资深旅行者对他们业务的贡献不到10%，其他90%其实都是没有什么时间去旅行，但是有旅行理想的人贡献的。说白了，他们买这些产品不是为了旅行，而是为了买一个理想、买一个符号。

但这不是没有用。就像我，大批大批地买书，其实真正能读的可能也就是10%，剩下的只是翻翻而已。**那些翻翻而已的书会成为我求知路上的路标，我也许永远都不会走近它们，但它们让我的求知欲获得了方向感和位置感。**

理想有时候不是用来实现的，而是让我们现在做的事变得更有意义。

理想生活

有人问诗人余光中："李敖天天找你茬儿，骂你，你却从不回应，这是为什么呢？"

余光中的回答很妙，他说："李敖天天骂我，说明他的生活不能没有我；而我不搭理他，证明我的生活可以没有他。"

当然了，余光中和李敖的恩怨没那么简单，但是这段话确实说得很好。这段话其实说出了**我们一生努力的两个方向。第一个方向是向外努力，目标是让更多人的生活不能没有我，让社会协作网络中更多的点愿意主动跟我连接，也就是通常所谓的成功。第二个方向是向内努力，目标是让我的生活可以没有些什么**。比如"断舍离"，就是脱离对物的依赖。比如"拿得起，放得下"，就是脱离对人和事的依赖。

一个人的理想生活境界其实应该同时包括这两个方面。别人对你"拿得起"，而你自己"放得下"。

理想主义者

大多数人是怎么过一生的？日本作家中岛敦有一句话："因为害怕自己并非明珠而不敢刻苦琢磨，又因为有几分相信自己是明珠，而不能与瓦砾碌碌为伍。"你看，把自己耽误了的最重要的原因，就是犹豫。

我见过的厉害的人，都有一个特质，就是莫名其妙地坚信自己一定能把某件事干成，虽然细究起来，他也没有什么理由。

那怎么判断一个人是不是坚信自己的目标呢？看两点就行了。第一，他是不是有一个多年来一直在说的理想；第二，他是不是一直在做一些脚踏实地的事，也就是干着脏活、苦活、累活来实现这个理想。所谓"在云端里写诗，在泥土里生活"。

理解了这个状态，我们就可以读懂作家木心的那句话了。他说，**"生活最佳状态是冷冷清清地风风火火"。**这才是一个真正的理想主义者的样子。

历史

读历史的时候，你经常会发现，作者口口声声讲人类如何如何，但是实际上，今天的人和工业化之前的人几乎完全不是一个物种。

比如说，英国历史学家霍布斯鲍姆在一本书里提到，18世纪末期，意大利一个地方征召士兵，身高不足1.5米的人占到了72%。但是，你可别觉得个子矮、营养差的人就一定体能弱。那个时候的欧洲士兵，全副武装，以每天50公里的速度连续行军一周，是家常便饭一样的事情。今天经过训练的特种部队才能达到这个水准。

这确实给我们理解久远的历史造成了很大的困难。比如，现在的中国人要想理解春秋时期中国人的精神状况，或者唐宋时代中国人的具体选择，用简单的推己及人的做法是没有用的。

读书的时候我就经常感慨，**现代化像一条河，把我们和过去的历史永远隔开了。**

两难

爱因斯坦说过一句话，如果你遇到一个两难的问题，那从提出问题的角度其实是没法回答的。你必须换一个角度，才能得到答案。

我最初看到这个说法时，觉得很费解。可是后来创业了，对爱因斯坦这句话的体会就比较深了。一个阶段觉得是天大难题的事，过了一阵有了一个新的视角，就觉得自己原先的纠结毫无必要。

打个比方。这就像一个姑娘面对两个追求者，如果还在犹豫选哪个，那原因一定不是她不清楚这两个人的优缺点，而是她还不知道自己到底需要一个什么样的人。

所以后来我养成了一个习惯，**一旦碰到两难问题，先不选，先等等。等找到观察这个问题的更高的角度，先前的两难马上就迎刃而解了。**

可以说，一切问题的解决，都不是找到答案的结果，而是自我突破的结果。

临床

和一位医药专家聊天时，我问了他一个问题：一种药上市之前，有所谓的"一期临床""二期临床""三期临床"，这些都有什么区别？这里的"一""二""三"是怎么分的？

他说，表面上看，是试验规模不一样，人数越来越多。但这不是重点，重点是每一期药物临床试验的核心目标不一样。一期临床主要是看危害性，就是这种药会不会有很大的副作用。二期临床，虽然也关注危害性，但重点是看疗效。而三期临床，主要是看它的稳定性。简单来说，就是如果它对一部分人有效，要看对其他人是不是也有效。

你看，医药行业长期积累下来的这套经验，对我们也有用。**做一件事，最常见的思考角度就是它有没有用。但实际上，只要你再多考虑两个维度，也就是它的危害性和稳定性——有没有害处，能不能长期使用，你就会发现，很多看起来很有用的东西，你不敢用了。**

灵 感

做创造性的工作，最头疼的就是，看着电脑屏幕，没有灵感，抠着手指头，一个字也写不出来。

那怎么办呢？我的同事，作家贾行家说，他的办法是，想明白明天第一行字该写什么，才停下今天的工作。这样就能确保明天一开始就可以迅速投入工作。一开始就找到了投入的状态，想法也就源源不断来了。

后来，我看到海明威的故事，他也一样。一个句子，海明威写到一半就停下来，明天再开始的时候，面对一个残缺的句子，马上就能调动自己补全它的冲动，继续写下去的状态也就找着了。

所以你看，灵感这个东西，不是什么身体之外的东西，它就是我们体内的一个连续状态。找到灵感，其实很简单，要么不要让它停，要么不分三七二十一地开始。美国画家克劳斯有一句话："根本没有灵感这回事，要卷起袖子，才有艺术。"

领导力

心理学家刘嘉老师给我讲了一个有趣的实验。

让两只小老鼠过独木桥，相向而行，那就只有一只能过去。要知道，老鼠的世界里也是有等级的，所以，等级低的老鼠会给等级高的老鼠让路。接下来，科学家对让路的小老鼠的大脑做了点改造，让它有勇气。再上独木桥，这只小老鼠就不让了。

但是，这毕竟是外力作用的结果。撤掉了外力影响，它还会这么有勇气吗？实验表明，只要改造六次，这只老鼠不需要任何外力作用，也可以雄赳赳气昂昂地和其他老鼠对抗了。

刘嘉老师说，可见，**最好的领导力根本不是什么打鸡血灌鸡汤，什么情绪抚慰团队建设。最好的领导力只有一种，就是持续带领团队打胜仗。胜仗打多了，团队对领导的信心自然就建立起来了。**

留学

我的朋友老喻，是我很佩服的一个人。

他在做一个留学生出国服务的项目，我就问他一个问题："美国那些好大学的入门标准为什么是不确定的？你要分数，我们华人学生有分数；你要才艺，我们可以去学钢琴、跳芭蕾、打冰球。但是到头来，优秀的华人学生还是经常被美国名校拒之门外，这是为什么？"

老喻说，**中国大学和美国大学同样是考，但考的实质不一样。中国大学考的是准入，所以要有标准，着眼点是公平。美国著名大学的考试本质是招聘，着眼点是未来这个学生能不能成才。**你想，任何公司招聘，当然看的是这个人进来能不能给公司做贡献，是目标导向的。标准会有，但是任何公司都不会死守这些标准。

一个看入门时公平与否，一个看出门时结果如何，这可能是东西方教育思维最大的不同。

路怒症

为什么人在开车的时候容易发火？

有一个专有名词，叫"路怒症"——在路上容易发怒的病症。过去的解释一般是说，堵车严重、城市白领上下班心理压力大，等等。听着有道理，但还没说出真正的原因。

后来我听到一种有意思的解释。你想，人在车里，就相当于在一个壳子里，和世界的信息交互就不对称了。你能顺畅地看到周边的一切，但是周围的人却看不到你的表现。这种情况就有点像一边戴着耳机听音乐，一边跟人说话，你会不自觉地放大声音；坐在电脑前评论别人，你会不自觉地放大情绪，很容易成为键盘侠。

你看，**一点点的信息交互不对称，哪怕只是隔着车窗玻璃，也能使我们的行为变形，让我们变成另外一个人。**隔着手机屏幕和世界互动时，我们就更得对自己加强警惕。

轮作

有一个词，我们经常听说，叫"all-in"，就是全情投入的意思，经常被人用来表达做某件事的决心。但是，浮墨笔记的一位创始人说了一个对应的概念，叫"轮作"。

有的事像拼插积木，全身心投入就是完成得快。但是，有些事像种庄稼，不管你多忙活，春耕、夏耘、秋收、冬藏，都是有自然节律的，急不得。怎么办？拔苗助长自然是愚蠢的，但等待也是无趣的，那就去做点儿别的事吧——**这就叫轮作。就像农民一样，忙忙这个，忙忙那个，然后等该发生的事自然发生。**

我们得到App请老师其实也是这样。一位合适的老师，从达成共识到拿出提纲，再到开始写作，反复打磨，一点都急不得。所以，我们经常有一门课要磨一年的情况。

你看，关于做事，看似矛盾的两边其实都是对的。全情投入是对的，轮作也是对的。

麻烦

曾经有一家美国公司建了一个新的公司总部。

在搬进总部几个星期之后，员工开始抱怨电梯太慢了，而且抱怨的声音越来越多。公司不得不重视，赶紧联系大楼的建筑师，问电梯能不能提速或者扩容。答案是可以，但是需要几个月的时间，也需要花不少钱，而且这几个月里，大楼还不能正常使用。

最后，公司决定，不改造电梯了，而是在每层楼的电梯旁边安装一面很大的镜子。这样，大家可以用等电梯的时间整理自己的衣着，在镜子里观察彼此。就像我们今天在进电梯之前看广告，看着看着时间很快就过去了。果然，装了镜子，关于电梯的抱怨就没有了。

你看，**在观念世界里，我们太习惯把一个麻烦和一个解决方法紧紧捆绑在一起了。而在现实世界里，解决问题的方法，远远要比看上去的多得多。**

启发　　　　　　　　　　　　　　　　　　　**269**

骂人

民国时期有一对师生，熊十力和徐复观。有一次，徐复观请熊十力给他推荐一些书。再次见面的时候，该谈谈读书心得了，徐复观说，这些书中有哪些哪些地方写得有毛病。

熊老师当即破口大骂：你这个东西，怎么会读得进书! 任何书的内容，都是有好的地方，也有坏的地方，你为什么就不先看它好的地方，却专去挑坏的；这样读书，就是读了百部千部，你会受到书的什么益处? 读书是要先看出它的好处，再批评它的坏处。你这样读书，真是太没有出息!

徐复观后来说，这对他是起死回生的一骂。

这让我想到很多年轻人热衷于在微博上骂人，甚至"翻墙"跑到国外的网站上去骂人。我看了，骂得还真是花样百出、聪明伶俐，智商是真不赖。不过，就像熊十力老师说的，就算你骂对了，对你又有什么好处?

没出息的人往往不是那些笨人，而是在自己的正确中难以自拔，没法向前看的人。

麦当劳

麦当劳的老板说过一句话：大家都以为我是卖汉堡包的，但我真正的生意是做房地产。

你还别说，事实上，麦当劳就是世界上最大的房地产主，它拥有的房地产甚至超过了天主教会。

简单说一下它的策略。麦当劳首先琢磨哪个地段是这个城市将来人流最旺的地方，然后就下手买地，或者用一个很低的价格签长期的租赁合同。接着，建一个快餐店，然后转租给加盟商，再然后就是收加盟费和房租。加盟费是小头，房租年年涨，那才是大头。房租占麦当劳收入的90%。那你说它到底是卖汉堡的，还是做房地产的？

你看，这就是观察商业现象的有趣之处，**表面上的生意和实际上的生意经常是两回事。而企业家干的，就是完成中间的这个转换。**

盲区

有个朋友，有一天，他的女儿问他，"趋势"这个词是什么意思。他想半天也回答不上来。你看，这么熟悉的一个词，真要解释，还真挺难说明白的。

再举个例子。比如说"唠叨"这个词，每个人都理解，但它到底是什么意思？是话多？不是，相声演员也话多，可那不是唠叨。是说小事？不是，很多闲聊也是说小事，也不是唠叨。是说烦人的话？很多冒犯人的话也不见得是唠叨。

吴伯凡老师有一次一语点醒梦中人。他说，"唠叨"就是说没有对象感的话，没有选择地看见什么说什么。我们从小就知道这个词，会用，对它有精准的语感，但是如果没有高人点醒，我们还是不能准确地描述它。

所以你看，**学习，并不仅仅是指要学习陌生的东西，在熟悉的世界里也有大量的盲区。**

媒体

跟一个做公司报道的记者聊天，我说，用媒体思维来理解企业，其实有一个小陷阱。

举个例子。一家企业主业发展得不错。这个时候，它的领导人就会做一系列分散的投资和实验，为下一阶段的发展探路。当然，这些方向大多数都是不靠谱的。在媒体看来，这是货真价实的失败，但其实这是企业发展必须付出的成本。

反过来，如果你问一个成功的企业家他是怎么成功的，他会给你总结出一大堆的成功原因，比如用了什么战略、战术。但其实，这可能只是他一系列尝试中偶然成功的一个。媒体如果相信了他的解释，其实也是以偏概全。

你看，**媒体的本能是给一切结果找到一个清晰的原因；而企业真实的运行过程，其实是一片混沌。**

魅力

我们经常说一个人有魅力，那请问一个人到底做到了什么才算有魅力？

有一个解释说：**如果一个人能够涉及一个外人触达不了但又能展开想象的领域，那他就有魅力。**

比如说，一位老师怎么在学生面前显得有魅力？长得好看？讲课精彩？这些当然有帮助，但是除此之外，他还要储备一些课堂之外的经历。比如说暑假时去新疆参加过一次徒步、去攀登过某座高山、去参加过联合国组织的某个公益项目，然后偶尔在课堂上讲给学生听，学生就会觉得他有魅力。因为这些领域，学生一般够不着，但又可以想象。

你还可以再想象一个场景：一个人平时不善言谈，但是他有一厚本读书笔记，还经常能从里面引用一些有趣的话，你是不是也觉得这个人有魅力？因为他的阅读世界，就是这么一个外人触达不到，但是又能展开想象的全新领域。

梦想

有一次在得到 App 老师的一个微信群里，我们聊起各家孩子的梦想。有的孩子说要当医生，有的说要当科学家。这时候，教育专家沈祖芸老师说了一句话："儿童的每一个梦想都不是用来实现的，而是用来让每一个今天变得有意义的。"此言一出，大家都觉得说得好，有启发。

我们经常觉得梦想就是志向，那志向的唯一价值就应该去实现，实现不了也得努力实现。所谓"常立志不如立长志"。但是，跳出来一想，何止是对孩子，对我们成年人来说不也是这样吗？**拥有一个梦想的价值，是有了一个人生的坐标系，可以标定今天、此刻、手头正在做的那些事情的价值，让今天有意义。**

至于梦想变了，变了就变了，这是常态。只要还是个梦想，这一定意味着手头正在做的事情，按照新的坐标系，价值更大了。所以，梦想和志向变了，也不是什么坏事。

描述

语言学发现，**我们在谈到有好感的东西时，总是倾向于用具体的、带细节的方式去描述，但如果是负面的东西，就倾向于用抽象的、概念的方式去描述。**

举个例子。我们赞扬一个人慷慨，一般会说具体的人，比如说张三真大方。但是提到有人抠门，大家就会用抽象概念，比如说这个犹太人真小气。

这个语言学上的发现很有用。比如判断一个人是不是在撒谎，就看他描述那个事物的方式，如果更多的是概念性的描述，撒谎的可能性就很大。再比如，你想判断一个人是否对自己有意思，如果你们的谈话充满了具体的小八卦，恭喜你，他是喜欢你的；如果全是大概念，那他多半就是在敷衍你。

好东西总是不怕具体，而坏东西总是要把自己打扮得抽象。

模块化

多年前，我问一位前辈，什么叫工作能力强?

他回答，**看一个人的工作能力，就是看他能不能迅速地把大目标拆成小目标。**这句话我一直记到了今天，而且越琢磨越觉得有道理。把大目标拆成小目标，也就是模块化，是人类现代化以来的一个伟大发明。

举个例子。以前的汽车司机都得会修车，但现在完全不用了，甚至连修车工人都不会那么细致地修车了。哪个零件坏了，直接换一个新的，工人根本就不用把那个坏模块拆开来修。

那么，**模块化的好处是什么?**简单地说，有两点。**第一，可以促进分工**，把更多的人引入创新的体系里面。所以，工作能力强的人可以驾驭更多的属下，就是这个道理，就因为他能把大事拆成小事。**第二，风险小了，可以把坏事的风险控制在一个模块之内，从而减小对整个系统的影响。**

目标窄化

我们经常听到一句批评人的话，说这个人"目的性太强"。

但是仔细想想，一个人目的性强，也不是坏事。有目标，行动才有方法，才有约束。但**为什么我们本能上就是讨厌目的性强的人呢？**

其实，那些人不是目的性强，而是目标窄化。比如，我要是只对挣钱感兴趣，大家就会担心我为挣钱没底线。如果我还有更多的目标，哪怕只是为了让孩子将来能上好大学而挣钱，大家就知道了，我的行为是有一个校正器的。

所以，**一个很重要的生存策略，就是把自己多层次的目标主动暴露出来。**就像迪士尼的创始人沃尔特·迪士尼说的："我们拍电影不是为了赚钱，我们拍电影是为了赚钱拍更多的电影。"你看，同样是挣钱，多暴露一层目标，是不是马上就显得清新可喜、"高大上"了。

难易

听人讲过一句话，说一个人做比较难的事情更容易成功。这符合我们传统的经验，所谓"吃得苦中苦，方为人上人"。

不过，这话听起来对，但它不符合事实。因为也有相反的一句话叫"顺势而为"，做正确的事，不仅容易成功，而且也不难。

我自己的经验也是这样，如果一件事做起来顺手，不觉得特别难，处处有人帮忙，反而是更有希望成功的标志。这不是抬杠。我觉得，把难不难和成功不成功放在一起，想找到因果关系，这个思路本身就有问题。那怎么才对呢？把难不难和成长不成长放在一起可能就对了。做一件有适当难度的事，会不会成功，不一定，但它一定能让我们成长。

所以，把上面两种策略组合在一起，可能是这样的：**找相对不难的事做，与此同时，做事情中比较难的那个部分。前者追求的是成功概率，后者追求的是手艺增长。**

能力模型

我们经常说到一个词——个人能力。到底什么是个人能力? 有人建了一个模型，说个人能力分成七个方面。

第一，**清楚自己要什么**，这是目的。

第二，**清楚自己需要做成怎样**，这是目标。目标和目的不一样。比如，我的目的是得到领导的赏识，但目标是把最近团队的经验总结成一本手册。你看，定目标比较难。

第三，**清楚自己应该怎么做**，也就是实现目标的落地方案。

第四，**清楚自己不能怎么做**，这是风险规避。

第五，**清楚自己做的事有什么影响力**，这是对环境的洞察。

第六，**清楚遇到问题该怎么调整**，这是灵活应变。

第七，**清楚自己没有解决问题时，要怎么处理**，这是承担后果的预期准备和止损策略。

所谓个人能力的成长，其实是要围绕这七个点不断提升。

逆向思考

经常听人说，要逆向思考，那逆向思考的好处是什么？

查理·芒格举过一个例子。如果你想帮助一个国家，那么只需要问毁灭这个国家的方式有哪些，然后选择不去做这些事就好。

你看，正向思考下的帮助，不管是给钱还是给别的，可能有用，也可能没用。因为一个国家的兴旺，有很多条路。而逆向思考呢？一个国家毁灭的方式无非就那几种，帮助它远离这几种可能，是确切有用的帮助。所以，**逆向思考最大的好处，是避免了自以为是的创新，回到了事情的实质。**

就拿企业创新来说，正向思考创新，很多人主张要把某件事做到极致。这当然是好事，但是把事情做到极致，就意味着不可持续。那如果逆向思考呢？对一家企业来说，最重要的不过就是，适当、缓慢、不可退转的进步，这才是值得追求的创新目标。

年龄段现象

红杉的一个调研团队来我们公司做报告，讲"00后"一代的消费特点。

我越听越觉得心惊胆战。为什么？因为我对那个年轻人的世界完全陌生。他们用的手机上的App，他们喜欢的动漫、游戏，我都没听说过。

有一名同事就对我说，我知道你在担心什么，你不就是担心自己、公司，还有咱们的产品被年轻人抛弃吗？但你得分清楚两件事，他们现在喜欢什么，到底是一个年龄段现象，还是一个代际现象？如果是年龄段现象，等他们大了，就不会再喜欢；如果是代际现象，那才是真实的商业升级换代。年轻人代表未来，这句话只对了一半。他们身上有一部分东西永远跟我们不一样了，但也有一部分东西迟早会和我们一样。

所以，**面向未来的商业，不是讨好年轻人，而是在他们长大的路上耐心等待。**

牛人

怎样认识一个陌生的牛人？答案不是求助，而是给他们提供帮助。你可能会说，牛人不缺钱，不缺机会，我能提供什么帮助啊？

牛人确实不缺这些，但是牛人缺不同的视角。**牛人之所以牛，就是因为他们总是担心世界的某个侧面他们没有看到。**

那应该怎么做呢？比如说，你想认识雷军，就可以每天找一个一线手机店的老板聊天，把他对市场和小米的看法归纳出来，每天在微博上@雷军。信不信总有一天，雷军会主动跟你联系？

钱和机会，牛人总比我们多，但是信息和视角，就不一定了。

农民工

有一位学者说："我去过许多中国的城中村，也去过印度和巴西的贫民窟。虽然环境都很差，但在贫民窟里至少一家人是团聚的，有其乐融融的一面；而中国的农民工呢？一般都背井离乡，骨肉分离。"

这意思当然是说，中国农民工的生存状态更悲惨。

但是另一位学者问："你是否问过一个中国农民工，他是愿意全家像印度、巴西穷人那样，住在贫民窟里，虽然一家人团聚，但是只有一块塑料布遮身，看不到希望，还是愿意孤身一人在城里挣钱，然后起码在农村里有个说得过去的、可以回的家？"

这是一个很有意思的争论。中国的农民工生存状况当然不能说很好，但是，**我们给他人想象一个更好的出路时，至少应该问一问他们自己的意愿如何，否则，就只是书斋里的一厢情愿罢了。**

拍马屁

人们通常有一个看法，拍马屁之所以起作用，是因为领导听得很舒服，所以就给你机会，提拔你。如果仅仅是这么看，那就是既小看了领导，也小看了拍马屁。

其实，拍马屁的功能有三个层次。第一，领导听了很爽，这是人之常情。第二，在现代社会里，上下级之间没有表达忠诚的仪式，那拍马屁就成了传递表忠心信息的有效渠道，让领导觉得你是一个使唤得动的人。第三，公开拍马屁是要承受一点周边的压力的，这意味着你不仅愿意效忠，而且愿意为效忠付出代价。

你站在领导的角度想一想：**有这么个人，共事起来舒服，使唤得动，又愿意付出一定的代价，即使这个人能力并不太突出，领导愿不愿意用他？**

配得上

碰到一个以前的老同事，他跟我说了很多现在单位不如意的地方，然后悠悠地叹了口气说，要是有人给我100万元的年薪，我就走了。很多老同事都跟我说过类似的话。其实，这个想法并不对。

你在市场中的价格不是谁赏给你的，而是你自己挣到的。但前提是你得在市场中找到这个估值。所以，就算是有人愿意给100万元的年薪又怎么样？如果你不值这个钱，很快会被发现，这个钱和这个职位很快就没有了，而此前任何的承诺都没有用。如果你值这个钱，根本就不用等，下海一练，市场很快就会给到你这个钱。

这让我想起查理·芒格讲过的一句话："你要是想得到某种东西，最可靠的办法是让你自己配得上它。"

体制内的准则是做好准备，等待时机。而市场中的准则是立即行动，准备纠错。干起来再说。

P

朋友

当初雕爷（阿芙精油创始人）为了劝作家和菜头到北京发展，拿了十万块钱和一台笔记本电脑，扔在和菜头住的小旅馆的床上说："来北京吧，这点钱够你第一年的房租和生活了。"

和菜头知道，这不是钱的事，而是朋友把另外一种可能，没有风险地放在他面前。如果再不下决心，这辈子就再也不要提什么理想了。于是他就来了北京。

这个场景让我重新理解了朋友的用处。**朋友不是帮忙的，那个用钱可以买到。朋友也不是给你钱的，那个其实父母也可以做。朋友是在你人生的关键时刻替你扳道岔的。**

很多人说，我没有改变命运的勇气。其实不关勇气什么事，再牛的人也不见得有勇气改变自己现在的生活。我们只不过没有在合适的时候遇到一个合适的朋友而已。

批评家

吴伯凡老师说过一个现象。英国的西敏寺里面有很多英国名人的墓，像牛顿、达尔文的墓，等等。但是请注意，里面没有一个是批评家。有名的文艺评论家、政治评论家也很多，为什么他们不能享有这种殊荣？

这其中有两个原因。第一，批评家总是根据观念、原则去指点江山，所以，它并不是一个真正的职业，没有专业技能，也没有职业操守。所以批评家只能破坏，不能建设。

第二，也是更要命的，批评家总是在迅速谋求显而易见的优势。他们一会儿跟你讲道德，一会儿跟你讲规则，但目的只有一个，就是拿别人当工具，让自己获得利益。所以，批评家天然和所有人处在对立面。

你看，公开地、否定性地评价他人，一旦成为习惯，也就是当上了批评家，你会迅速收获显而易见的优势，但是也注定一生一事无成。

偏好

据说杨振宁先生说过这么一句话，教育就是发现偏好、培养偏好、发展偏好，幸运的话就把偏好变成饭碗。

你想，过去我们谈教育，好像全面发展才是天经地义的。现在，杨振宁强调偏好的价值。未来社会的竞争，建立在社会基础设施高度发达的基础上。**人的发展，更多的不是向外、向上去攀登社会阶梯，而是向内去发掘自身的个性优势。**

好的容貌、好的歌喉、好的舞姿、好的口才、好的理解力、好的动作准确度，等等，都能变成优势。比如一个农民，要是能在田间地头卖好自家水果，就已经是赢家，不需要考大学、进城这些攀登社会阶层的动作了。

所以，把自己的偏好发掘出来，然后把它转换成突出的个人优势，这是未来社会美好的一个侧面。

骗子

有一次我们办公室聊起骗子这个话题。

有人说:"现在的骗子水平也太低了,一口南方口音给我打电话,'你明天早上到我办公室来一趟',一听就是假的。"

我的同事李倩老本行是搞语言学的,她说:"这可不一定是水平低,这恰恰是水平高。这些骗子之所以做得这么漏洞百出是有原因的。**很多跨国诈骗集团群发的邮件,里头就会塞进大量的语法拼写错误。这样做的好处是可以把在知识和智力上稍差的人,或者粗心大意的人先筛选出来,然后再用人工跟进,实施下一步的诈骗。**"

你想,打一个电话或者发一封邮件成本很低,但是后面跟进诈骗的成本就高了。专门针对知识水准低或者粗心大意的人,当然可以提高成功率。

品控

一个朋友问我："你们得到App的课程品控也太严了，一个字一个字地抠，就不能给老师留点自由表达的空间吗？你看其他开放平台，有创作能力的人可以随便写。"

我的回答是，这是没办法的事。

得到App做的不是内容，而是课程。课程的灵魂是体验。看书、看文章，体验不好的段落，用户可以跳过去，不影响他的总体评价，但是课程不行。用户听课的时候，一句话没说清楚，他迷糊了一下，体验就崩溃了；一节课觉得收获不大，对我们的信心就崩溃了。用一个算术的比方来说，文字内容的表达，六减一等于五。但是音频课程的表达，六减一等于零。

所以，**得到App的品控严格，不是因为我们有质量洁癖，而是因为在体验经济时代，所有的消费品本质上都是气球，不管看起来多大，一个针眼就能让它报废。**

启发   **295**

平台

很多人动不动就说要做个"平台"，我经常跟他们开玩笑说，你就是自己不想干苦活、累活，就想搭个所谓的基础设施，召集别人来干活，然后分享他们的收益。你哪是想做平台，你就是想偷懒。

那到底什么才是真正的平台？想象一个场景：爬山、攀岩的时候，一路都很险，突然到了一块平地，踏上去之后，就暂时安全了，掉不下去了，阶段性的成就巩固了。你会管这个地方叫平台。

再想象一个场景：动物一旦进化出了脊椎，那它的生存能力就获得了质的提升，我们就说，它们进化到了下一个平台。

你看，你要是做成了一个平台，你的合作者，会因为这个平台而实质性地提高能力、地位和安全性，压根儿就成了新物种。而且在他的成长路上，这是别的人提供不了的。这时，你才可以说你做了一个平台。

评价

我岁数越大，越不愿意评价他人。这倒不是因为我变得更宽容了——宽容是知道对方有错，忍了——而是因为我发现，我根本不知道一个表面上看到的行为，对他人的内心到底意味着什么。

举个例子。一个女孩喜欢买名牌包，你非要评价她虚荣浅薄，有意义吗？买名牌包，也许是她让自己活得有心气、有奔头的一个简便方法。她要是天天买地摊货，旁观者倒是觉得她朴素，但没准儿她自己的内心一片灰暗。对她来说，哪种生活方式好，从长期看，还真的不一定。

我们从外面看到的任何人的任何"缺陷"，可能都是他巨大的精神世界的一小部分，也都是他做更好的自己的一个过程。只要不突破道德和法律底线，真的很难说什么是对，什么是错。

企业规模

和朋友老喻聊天，说起企业规模的话题。他说，**所有上规模的企业，本质上都做到了三件事的统一。**哪三件事？

第一，认知半径要尽可能地宽，否则就会视野狭窄。这个好理解。

第二，能力半径要尽可能地明确。这是巴菲特经常强调的话，企业应该只做自己能力半径之内的事。

第三，行动半径要尽可能地小。什么意思？这就牵涉到对规模本质的理解了。

规模，本质上不是能力强的结果，而是一个简单的动作大量重复的结果。所以，要想上规模，做的动作就得少、就得简单。比如，世界上所有上规模的餐饮企业，都是快餐企业。为什么？因为菜单上的菜品少，复制起来就容易。

企业文化

看到一家企业的口号，九个字：**会操心，敢着急，能解决。这是近年来我看到的最好的企业文化口号。这九个字里面包含了一个职场人的三个基本素质。**

"会操心"，肯定不是指为分内的事操心，而是指适当跨越边界，全面考虑所有协作界面上的事。不管事实上有没有升职，先在思想上给自己升个职再说。

"敢着急"，为什么用一个"敢"字呢？这不是说你敢跟任何人急眼，而是说，你得成为整个协作网络的刚性边界。触碰边界的人都能感受到你的督促和约束。这是一个没有权力的人对他人施加影响力最好的方式。

"能解决"，有一句话说得好，一个人的职场生涯，不是从他上班的第一天开始的，而是从他解决第一个问题开始的。

强关系

李笑来说，他**交朋友有一个心法，就是一定要想办法共同做一件事。**这句话越琢磨越有道理。

这个时代，人和人之间的关系有很多层次。有的弱关系，只是你通讯录里的一行字，你根本不记得他是谁。

而要结成强关系，过去那些什么喝酒吃饭的招儿没用了，在愉快的氛围中结成的关系，很快就会被愉快地忘掉。这个时候，一起做一件事就很有用了。为什么? 因为**一起做一件事，意味着一起经历过克服困难的痛苦，意味着他需要你的协作，必须将心比心地替你着想。这样结成的关系才叫强关系。**

当然，共同做的事可深可浅。比如说，你遇到一个难题，请他来帮你开一个策划会，这其实也算。

强制

看到一条问答，很有反讽意味。

问的是，怎么让孩子对电子游戏失去兴趣？

答案是，很好办啊，就像我们督促孩子学习那样就行。每天逼着孩子早上7点开始玩游戏，一轮玩45分钟，中间休息10分钟，一直玩到晚上6点，吃完晚饭接着来，玩不完固定任务，不让睡觉。周末还得上游戏辅导班。每月组织打比赛，打不到好名次要挨骂，天天在家里絮叨，"看别人家孩子游戏打那么好，你怎么就不行？"孩子只要干点别的，你就觉得他是在不务正业。只要这么干，你放心，孩子肯定对游戏失去兴趣。

这个角度，能让我们很好地反思，**学习这件事到底出了什么问题。经常有人说，学习是反人性的事。**怎么可能？人肯定是整个生物界最爱学习、最擅长学习的物种。**违反人性的是另外一个东西，那就是强制。**

亲子交流

一篇文章说，家长和孩子交流，每天只问四个问题就够了：

第一，学校今天有什么好事发生吗？

第二，今天你有什么好表现？

第三，今天你有什么收获？

第四，你有什么事需要爸妈的帮助吗？

这四个问题很简单，但背后的用意很深。"学校有什么好事发生"，是探查孩子的价值观，并且指引他看到事情更积极的一面。"你有什么好表现"，是增加孩子的自信心。"你有什么收获"，是在帮助孩子形成点滴积累人生收获的习惯。"有什么需要帮忙的"，是不断提醒孩子，虽然自己的事情要自己负责，但要学会求助。

除了这四个问题，其他灌输不仅可能无效，甚至有可能适得其反。**现代教育最重要的任务，是让孩子高质量、有效率地获得多样化的人生。而任何好的多样化结果都强求不来，只能是自然演化的结果。**

勤奋

亚马逊公司的老板贝索斯是一个很严格的人。据说，他给高管发邮件，经常只有一个问号。光这个问号，就能吓得人瑟瑟发抖。

那么请问，这么个风格的人，一天工作多少个小时？请注意，不是"996"，更不是"007"。他说，一天要睡够8个小时，上午10点前基本不开会；比较费脑子的会，午饭之前开；比较困难的决定，下午5点前就做。所以，他基本是个早睡早起的人。

跟我们印象中勤奋的创业者不太一样吧？他的时间投入明显不够啊。那为什么他可以这样呢？贝索斯自己是这样说的："我每天的主要工作，是做少而精的决策，要是每天能做出三个明智的决策，那就够了。所以要休息好，睡得好。"

你看，贝索斯的做法其实重新定义了"勤奋"这件事。**勤奋，不再是对自己时间资源总量的无限开发，而是对自己时间使用质量的无限提高。**

清零

1985年，英特尔还是一家主要生产存储器的公司，但是日本企业步步紧逼，公司业务已经搞不下去了。

一天，英特尔总裁安迪·格鲁夫问CEO摩尔："咱兄弟俩要是被扫地出门，董事会找一个新CEO，他会怎么做？"摩尔说："新的CEO会放弃存储器业务。"格鲁夫说："我们为什么不自己动手？我们自己当那个新CEO好了。"

1986年，英特尔果然放弃了存储器业务，进入微处理器的新时代。

其实每当我们感觉难以选择的时候，格鲁夫的做法就是一个很好的思维角度。**放下选择和各种为难，假设自己是一个没有任何历史负担的人，我会怎么选？对过去的眷念总是会成为往前走的障碍。**

情感账户

有一个概念，叫"情感账户"，它能解释很多现象，但是又经常被人忘记。举个例子。如果家里有青春期的孩子，父母唠叨他的内容无非就是要用功读书，不要熬夜，少打游戏，等等。

那为什么有的孩子听，有的孩子不听呢？跟这些话本身的对错没什么关系，关键是看父母平时存在孩子"情感账户"里的储蓄有多少。只有情感账户里的储蓄足够充裕时，孩子才有可能接受父母的建议。

同样的道理，在公司里经常有人说："这件事我当时就说了应该那么做，但是没人听我的，你看现在失败了吧！"就算他说的是事实，但真相仍然是，这个人存在同事情感账户里的储蓄太少了，所以才没人听他的。这也和事情本身的是非对错没什么关系。

你看，**这个世界的运行方式和我们的直觉不太一样。是非对错只是表面，人和人之间的信任和情感才是底层。**

情商

我们经常说一个词，情商。那请问什么是情商？定义有很多。我觉得最简单透彻的一个，就是"能感知到别人的感受的能力"。但是说实话，这个定义还是让人无法操作。

后来我偶然看到三个词，分别是**"距离""分寸"和"进退"——这不就是情商的三个操作界面吗？**

和任何人交往，怎么判断和他的距离？怎么通过方法拉近或者疏远和他的距离？这是一个本领。还有，如果双方距离很近了，不同的事，还要掌握不同的分寸。不足和过度，马上就会引起别人的不适感。当然，这三个界面中，最重要的是进退。因为这不仅需要判断力，还需要行动力。什么时候加入和别人的合作？什么时候果断退出？

一个人如果真觉得自己情商低，自我训练的办法，无非就是在和人交往的时候，在这三个界面上反复提醒自己。

情绪

一个人一旦陷入某种情绪，基本就可以判定，他正在犯错误。为什么？不是说有情绪显得没涵养，而是说有情绪会让人搞错目标。

举个例子。工作单位领导给你压任务，你不高兴，那情绪的指向就是领导。其实搞错了，你真正的目标是工作本身。

再比如说，你要做一次公开演讲，你害怕，那情绪的指向就是演讲，其实也搞错了，你真正的目标是要通过演讲形成大范围的影响力。

你发现没有，**为什么我们的情绪总是会让我们偏离目标？因为情绪是进化过程中形成的，它只能指向我们看得见摸得着、近在眼前的东西。而在越来越复杂的现代社会，目标总是在远处，甚至要靠想象力才能理解。**

情绪价值

经常听见有人说，现在找另一半，关键要看对方能提供的情绪价值。说白了，也就是和这个人待在一起舒服不舒服。

但是我看见一个说法，说**情绪价值如果翻译成一个人的素质，可以分成四类。第一，智识**，也就是这个人的见识水准怎么样。**第二，审美**，这不仅是说他能不能欣赏艺术品，也是说他一举一动的每个细节有没有美的意识。**第三，私德**，也就是这个人对身边的人好不好。**第四，公德**，也就是这个人的社会担当如何。

但问题是，这是完全独立的四种品格。换句话说，一个人完全可能是智识高手，但在审美上一塌糊涂。一个人也完全可能在私德上无懈可击，但在公德上是一个魔鬼，比如希特勒。

所以，如果咱们说要找一个能提供情绪价值的人，那到底是在找什么样的人呢？还是很难说清楚。

情绪控制

当朋友或者亲人陷入激动情绪的时候，怎么劝他呢？我听到这么一个方法，一般是分成三步。

第一步，不是劝他控制情绪，而是让他把情绪描述出来。你是不是有点难过或者生气啊？最重要的一句话是，你试着描述一下你的感受。一旦接受你这句话的引导，他马上就会启动大脑里的理性机制。他要想，要判断，要组织语言，要形成逻辑。这个时候主导情绪的大脑机制马上就放松下来了。

第二步，帮他定位产生情绪的原因。

第三步，给他一个目标，也就是引导他思考怎么办。

重复以上三个步骤，很快，他就会觉得刚才的情绪很可笑。这个方法我自己试了一下，真的很有效。

穷人区

在德国有一个奇怪的现象：经济形势越好转，穷人区的人就越绝望。

为什么呢？其实，德国穷人并不缺钱，因为德国有很好的社会福利。但是一旦经济形势改善，那些还愿意工作的人就会找到工作。他们找到工作后的第一件事就是搬家，逃离又脏又乱的穷人区。

你可别小瞧这些离开的人。这些还保持着上进心的人，是负责任的家长，是纠纷调解者，是孩子们的好榜样，是社区公共生活最需要的人。他们一离开，剩下的可就是只想吃福利、完全不工作的人了。所以，社区就越来越糟糕。

你看，**过去我们其实有一种思维惯性，以为钱可以调节一切社会关系。但是归根到底，人才是最重要的因素。**

权力周边

大家在谈论权力的时候，总是喜欢从权力的拥有者出发，因为他们大权在握。但是，我倒觉得，从权力的周边着眼是一个更好的角度。

比如说，慈禧太后是不是毒杀了光绪皇帝？为慈禧辩护的人总是说，虎毒不食子。像辜鸿铭就反复说，普天之下所有母亲都可以作证。但是我倒倾向于认为，就是慈禧干的。

理由是，**权力拥有者其实是被权力的周边力量绑架的**。第一，如果慈禧不弄死光绪，她死之后，她周边所有的人都要遭殃，她所有的反对派都会聚集在光绪周围对她留下的班底进行清算。这是不得已。第二，其实不需要慈禧真的动手，她周边的人出于恐惧就会干，只需要她默许就可以了。

所以，慈禧杀光绪，不是人性的恶，而是政治格局的必然。

缺口

有位企业老总告诉我，他有一个观察，如果一位企业家是理论大师，什么都有一套解释，逻辑特别自洽，那这个企业肯定要出问题。原因很简单，没有缺口了嘛。

所谓企业，就是一个协作型的组织体。它的效能一定来自每一个个体的创造性。老板要是能把一切都说得清清楚楚，那员工只剩下执行的份儿了。时间一长，这个企业组织的创造性就被摧毁了。

这位老总还告诉我，**老板下指令，有时候话不能说得太清楚。留出缺口，让底下人去猜，猜不到你真实的意思，他就会调动自己的创造性来弥补这个缺口。**对于好的创造性结果，老板保留事后追认的权威。

你看，**老板显得笨的时候，未必是真笨，也许不过是留个缺口。**可是这个时候，员工的机会就来了。

群体思维

科幻小说家阿西莫夫曾经遇到过一个犹太人。这个人见面就开吹，我们犹太人厉害啊，在诺贝尔奖得主中比例很高啊，如此这般，一通海聊。

阿西莫夫就问："你是不是有种优越感？"
那人说："是啊。"
阿西莫夫说："那我要是告诉你，黄色小说的作者有60%是犹太人，华尔街的骗子有80%是犹太人，你会怎么想呢？"
那人傻眼了，说："真的假的？"
阿西莫夫说："假的，我瞎编的。不过，如果是真的，你会有耻辱感吗？"

你看，**其实每个人都多少在用群体思维想问题，用一些跟自己八竿子打不着的人的荣辱来确定自己的荣辱**。这没什么错。但是能超越这种思维的人，才是真正的牛人。顺便说一句，阿西莫夫自己就是一个犹太人。

R

人格

我的同事冯启娜跟我讲，人格分两种，一种叫关系型人格，
一种叫目标型人格。

这个分类一下让我想明白了为什么有的人明明很聪明，但
是很难有成就。

你看，每个人除了基本生存，还要刷存在感。但问题是，**如
果你是用调整关系的方法来刷存在感，那无论多努力，都
很可能失败，因为你仅仅是要比周围的人好——这就叫关
系型人格。**除了让自己变得更好之外，还能在行为上陷害别
人，在舆论上贬低别人，学阿Q在评价上瞧不起别人，一
样可以刷到存在感。这种人虽然聪明，但是容易把聪明用
到坏地方。网上很多喷子就是这么活的。

**而目标型人格，是通过确定一个目标来刷存在感，没法取
巧，只能努力，当然就容易做出成就。**

人格修习

为什么狗和人那么亲近，而猫对人爱答不理？为什么狗很忠诚，而猫经常背叛？

我听到过两个解释。第一个解释是，狗是很早就被人类驯化的，那个时候食物少，所以，狗得跟人类紧密相伴才能存活。而猫是在人类进入农业社会之后才被驯化的，食物相对充足，所以猫就没那么忠诚。

第二个解释是，狗和猫的安全感来源不一样。狗是社交动物，它的安全感建立在和人的联系上，去哪儿不重要，重要的是和主人在一起。而猫是领地动物，它的安全感建立在地盘意识上，重要的是对环境的熟悉，而不是人。

这让我想起熊逸老师的一句话：**"所有人格修习的目标，都是从一只必须和人亲近的'狗'，成长为一只可以适当孤独的'猫'。"从"狗"到"猫"，就意味着你的人格不仅不再依赖关系，而且有了自己的领地。**

人际关系

有刚上大学和刚上班的朋友问我，**怎么和同学、同事打交道？**处理人际关系这件事永远考验智商和情商。但如果说到原则，不过简单的几条。

第一，**善良**，永远向对方表达善意，永远坚持不率先背叛对方。

第二，**可激怒**，当对方出现背叛行为时，立即报复回去，让背叛者付出适当的代价。

第三，**宽容**，不会因为别人的一次背叛长时间怀恨在心或者没完没了地报复，只要对方改过自新、重新回到合作轨道上，就能既往不咎地恢复合作。

第四，**简单透明**，要让所有人清晰地知道自己的这个策略，不搅浑水，不随意变动策略。

以上几条并不是我的发明，而是现代博弈论通过实验得出的重要发现。

人脉

你发现没有，现在有一些人热衷于跑各种会，认识各种人。你问他们为什么要这么做，他们会说，这是在结识人脉。

过去，我一直觉得这么做没什么用，直到看了作家连岳的一篇文章，才想清楚了为什么没用。

在以前的熟人社会，你多认识人，哪怕是点头之交也是有用的，等你有困难的时候去找人家帮忙，他肯定帮，他不是在帮你的忙，而是怕不帮你的忙被自己的社会关系非议——圈子就那么大嘛。

但是在现在的陌生人社会里，人际关系的底层结构已经变了。对于一个闯上门来求助的陌生人，一般人的第一反应是警惕，第二反应是看不起——你但凡有点智慧，有点诚意，也不会通过这种方式来认识人。拒绝帮助这样的人，一点心理压力也没有。

你看，社会底层结构变了，再用老办法，就成了刻舟求剑。

人性

在所有的人生忠告当中，有一条我觉得特别重要，那就是不要考验人性。 无论是故意拿利益去诱惑一个人，看他是不是品德高洁，还是故意为难自己的伴侣，看他是不是还爱自己，都不要。

但问题是，为什么不能考验？是因为人性本来丑恶，经不住考验吗？不是。我看到一个观点说，**之所以不要考验人性，是因为我们自己不能作恶。**

你想，人性中本来就既有魔鬼，又有天使。那我们该做的事情，用李希贵校长的话说就是，**"让魔鬼沉睡，让天使起舞"**——这是我们和他人合作时的基本原则。如果我们设置诱惑考验对方，就是主动把对方人性中的魔鬼叫醒。

这并不证明对方是魔鬼，而是**我们亲手把对方人性中的魔鬼释放了出来，那么，作恶的岂不就是我们自己？** 所以才说，千万不要考验人性。

人性配方

经济学者薛兆丰老师在录制《奇葩说》时讲了一段话。

他说，西方有人统计，在幼儿园里，孩子最爱说的三个词是：**more（我还要）、mine（我的）和 no（我不）**。在经济学上，不就对应**需求、产权和自由**三个概念吗？这是人类与生俱来的三个要求。

但是，有这三个要求就能在社会中存活吗？并不能。孩子进了幼儿园，接受老师的教育，老师经常说的三个高频词是：**wait（等待）、take turn（轮流）、share（分享）**，也就是**你要有耐心，你要守秩序，你要学会分享**。这都是在人与人的交往中才能学会的进阶的、高级的智慧。

所以，你说人性有没有配方？当然有。与生俱来的三个要求：表达需求、维护产权、争取自由。但加上社会对我们的三个要求：保持耐心、遵守秩序和善于分享，这才是完整的人性配方。

忍无可忍

有一句话，叫"忍无可忍，则无须再忍"。

这句话经常用来解释自己某个行动的正当性。我忍不了了，所以就这么干了。其实，**只要是在忍无可忍的状态下干的，无论这件事是成是败，是对是错，后果是好是坏，都是不该干的。**

为什么？因为，**人一生努力的目标，不就在于让自己的选择余地越来越大吗？换句话说，就是避免让自己没有选择。而忍无可忍，就等于承认自己陷入了没有选择的状态。**

其实仔细想想，人怎么会没有选择？就是被人拿刀顶着脖子，也有委曲求全和舍生取义两个选项。

经常有人问一个问题：到底是努力更重要，还是选择更重要？我看到一个答案是这样的：当你有选择时，选择更重要；而当你没有选择时，努力才重要。这个答案其实还有一个延伸——努力是为了什么？是为了让自己更有选择。

认了

有一次，我翻出一张以前办的健身卡。当时办它花了我好几千块钱，而实际上我也就第一个月去了几次。后来每看到这张卡一次，我就羞愧一次。

时隔几年，再看到这张健身卡时，我发现羞愧没了，说白了就是认了。

很多办健身卡的人，根本原因就是不认——凭什么我就大肚子？凭什么我就没有胸肌、腹肌、小蛮腰？虽然不认，但是又懒，所以就纠结。

年轻的时候，我总以为克服这种纠结的方式是把自己变得勤快起来。后来发现，其实还有一个解决方式，就是干脆认了。把有限的时间资源投到更符合自己禀赋的地方，去干点自己更擅长的事。

人生不如意事常八九。补救的方法，不是让不如意变得如意，而是让一个大大的如意冲淡那些不如意。

任人唯贤

有个创业者跟我讲，他创业之后最大的体会就是，企业就是一个效率型组织，不要在企业里讲什么人情，一定要讲规则，讲任人唯贤。

这话听着没错吧? 不过，我还是送了一本《秦谜》给他。

这本书中说，秦朝之所以灭得那么快，就跟任人唯贤有关。在秦始皇之前，秦国的政治传统是亲贤并用，也就是既依靠王族亲贵维系稳定，也给平民出人头地的空间。但秦始皇上台后，一边倒地任人唯贤，像赵高、李斯这样的人，全部都是他认为的能人，王族子弟一个都不用。结果就是一旦出事，天下瓦解，一个可以信任的人都没有，秦帝国十五年就断送掉了。

今天的企业组织也一样，效率和稳定是同样重要的东西，人情和规则是同样重要的手段。

日记

有人劝别人写日记，说写日记有这么三个好处。

第一，是给自己的生活留下一份记录。我们的大脑其实是非常不可靠的。过去发生了什么，大脑经常欺骗我们。而有了日记，我们就会拥有真实的自我审视的机会。这一点好理解。

第二个好处呢？我们虽然好像每天都在思考点什么，但是如果不写下来，这些思考只能算是思绪，飘来荡去的，非常容易丢失。**写的过程，其实是探索自己到底怎么想的过程。**

但更重要的是**第三个好处。长期记日记的人，会非常清楚地知道一件事，就是自己对未来的判断有多不靠谱。**今天的兴奋，第二天可能就会转为沮丧；今年看好的事，明年看起来很可能像个笑话；现在崇拜的人，一旦持续观察，会发现和自己想象的完全不一样。

你看，**一个记日记的人，更容易学会不高估自己的判断力。**

晒被子

你可能听说过，美国很多小区是有公约的——不允许晒被子。不仅是在大马路上不能晒，就是在自己家院子里也不许晒。

为什么会这样？这首先是因为美国中产阶级几乎家家都有烘干机，确实没有必要晒。其次是，大家都不晒被子，整个小区看起来美观整洁了不少。

后来我看到一则材料，才恍然大悟，这原来不是审美问题，而是经济利益问题。你想，如果有人晒被子，在美国往往就会被理解为买不起烘干机，那就是穷人。美国社会流动性很大，这个小区有一家被人怀疑是穷人，整个地方就有穷人区之嫌，那整个小区的房价就会跌。房价一跌，穷人真住进来，恶性循环就来了，最后整个小区的人财产受损。

在很多情况下，**整洁与否看起来是审美问题，但深究下去，往往都是财富问题。**

善举

印度的圣雄甘地有一次坐火车，火车上特别挤，他的一只鞋被挤到了火车下面。火车已经开了，下去捡是不可能的，甘地就把另一只鞋也扔了下去。旁边人问他，这是为什么？甘地说，如果有一个穷人捡到，就可以凑成一双鞋了。

其实这个故事我很早就看到过，但是没在意。这不就是说一个人品德高尚吗？后来又看到它，我才感觉这个故事有点不一般。

一般人的善举，都是在某种社会压力下做出来的，比如想获得周围人的赞誉，或者只是单纯地觉得眼前这个人很可怜。可是你发现没有，甘地的这个善举并没有明确的对象，所以并不是在任何社会压力下做出来的，这就真不容易了。

就像万维钢老师说的，**真正的慈善，不是因为情感的推动——我想做这件事，而是因为某种正义的观念——这件事应该做。**

奢侈品

有一位时尚行业的朋友告诉我，很多高档奢侈品，原来是和欧洲上层阶级的生活方式匹配的。这些东西很贵但是未必好用，因为它需要人有强大的自律能力。

比如说，国际顶级大牌的男装衬衫，都不会用免烫的面料。也就是说，如果你坐没坐相，站没站相，到处乱蹭，总是把衣服弄得皱巴巴的，你就是穿得起，也穿不出样子。

高档奢侈品不是炫耀的工具，而是约束自己的工具。

我们总听人说，懂多少道理也过不好这一生。如果没有自律能力，不仅光懂道理没用，有多少钱也是过不好这一生的。

社会网络

有个朋友为来不来北京工作犹豫。为什么犹豫呢？担心混不好。

我就跟他讲，到哪里都不能保证你混得好，但是如果你对现状太不满意了，那切断自己原来的社会网络，换个大城市，把自己的社会网络升个级，可能也挺不错的。

有一本社会学的经典著作，叫《学做工》。书中说，通过在英国工人中的调研发现，工人的孩子往往还当工人，正所谓"龙生龙，凤生凤，老鼠的孩子会打洞"。为什么会这样？并不是因为当工人光荣，或者被资本家迫害，而是因为家庭对一个人的影响实在是太大了。

阻碍底层人民向上层流动的根本原因，不是社会不公正，而是家庭生活把那种所谓的穷人思维又传到了孩子身上。每个人都是自己社会网络的囚徒。 切换网络往往比个人努力还要重要。

社会资本

一个小孩和他妈吵架。他妈说:"你得长本事,长大才有竞争力!"小孩说:"没本事就求人呗。"小孩的想法看似很没出息,但他说的话是有一定道理的。

过去,我们总是重视人力资本、货币资本这些资本形态。而在互联网时代,搞人际关系的方法越来越丰富。所以社会关系网络带来的价值,也就是社会资本,越来越受学术界重视。

社会资本和其他资本最大的不同是两点。第一是无法占有,它只存在于相互的关系之中。第二,社会资本既不像人力资本那样增值很慢,也不像货币资本那样越用越少。它可以快速增值,而且越用越多。

在未来社会,没准小孩说的那句话反而成真了,**经营自己的本事还不如经营社会关系,自己会干还不如会求人。**

启发

社交

有一本书，叫《如何让你爱的人爱上你》。从书名来看，这本书好像不太靠谱，但其实书里的内容非常精彩。本质上，这不是一本教你如何谈恋爱的书，而是一本教你如何社交的书。

举个例子。当有人夸你好看或帅气时，你应该如何回答？中国人一般的反应是，"哪里哪里"。这样回答，谦虚是谦虚，但就把天儿聊死了。美国人一般的回答是什么呢？是"谢谢"。这样回答虽然也算是接招了，但最终效果差不多，还是把天儿聊死了。

《如何让你爱的人爱上你》这本书里说，法国人有一个语言习惯，但凡遇到有人夸自己好看，就会回答，"谢谢，你真是太好了"，或者更进一步说，"你能注意到这一点，真是太可爱了"。

这样就把赞美的阳光反射到了赞美者的身上，这个话题就打开了，也可以进一步往下聊了。**社交其实没有什么别的诀窍，就是不断设法开启双方交往的可能。**

社交货币

有一个做了很多年公关传播的朋友跟我说:"现在这一行真是不好干了,甭管怎么花钱,都闹腾不出什么动静来。原来那些请媒体、做广告的招儿都不灵了。"

我说:"要依我说,你们还是缺钱。不过缺的不是人民币,而是另一种货币——社交货币。"

什么是社交货币呢?它其实是一种内容,和货币一样,承载着一种价值,能够为人所用,可以把价值传递给其他人。比如谷歌公司的电脑击败了专业的围棋选手。这就是谷歌公司发行的社交货币。大家看到这个新闻之后,出于自己的社交目的,要转发,要讨论。而客观上,谷歌公司的品牌也传播出去了。

现在很多企业,不缺钱,但是发行这种社交货币的能力却不怎么样。

涉猎

我们经常说一个词，"涉猎"。一般的理解是，涉猎是一种不求甚解的、粗略的学习方法。那这是一种什么样的学习方法呢？

有一个说法是，"涉"，就是蹚着水去对岸，目的不在于水，而在于那个目标——去对岸；而"猎"，就是打猎，过程不重要，重要的是那个目标，是那个捕获猎物的结果。

所以，这两个字组合起来——**涉猎，是指一种带着清晰的目标，在海量的资料中寻找自己想要的答案的学习方法。**比如，你为了做一次旅行的攻略，四处去查相关的资料，这就是涉猎。

你看，**涉猎的本质，不是不求甚解，而是有清晰的目标。**而当我们说一个人涉猎甚广时，我们是在说什么呢？不是说这个人装了一肚子杂七杂八的东西，而是说这个人的脑子里有好多要求解的问题。

深刻

当年在央视工作，一位台长在做业务辅导的时候讲过一句话，什么叫节目的深刻? 他说，不知为深。

这句话我一直记到了现在——**不是说结论精彩叫深刻，而是给你看了你不知道的事实，你自己得出来的那个感受才是深刻。**

比方说，作为一个结论，你肯定知道饥饿的滋味是不好受的，但是看过电影《1942》，你才能深刻地知道什么叫饥饿。这也是为什么年长一些的人自然会深刻一点。不是他们脑子里装的结论和观点比较多，而是他们见过的事情比较多。

反过来说，**一个真正深刻的人，不见得是一个可以说出一堆新奇观点的人。真要问他的观点，你往往只能听到他的一声长叹——因为经历的事情太多，反而不能轻易下结论了。**

审美能力

你有没有想过，怎么才能获得幸福？

童年时，幸福非常具体，比如拿到一块糖、一个玩具。长大了，达成目标就是幸福，比如考上理想的大学，升职加薪，和意中人结婚，等等。再长大一些，心态平和就是幸福。

但是，得到高研院上海校友任岚有一个说法：**幸福就是提高审美能力。**为什么这么说？他说，**有审美能力的人，就是能把注意力从目标转移到过程上的人。**比如，"今天这个茶很好""这个房间布置得很舒服""这首诗和眼前的景色真是绝配"，等等。如果你也有这样的能力，那么即使你拥有的资源和其他人是一样的，你体会到的幸福感也是不同的。

这个说法有道理。幸福的公式很复杂，但其中自己最能说了算的变量，对结果能产生最大影响的变量，的确就是审美能力。

生存空间

有一句话说，一个人的悲催命运，就是始终在"得不到"和"不得不"之间反复徘徊。

想想也是，"得不到"，封住了一个人行动的上限；"不得不"，又封住了一个人自由的底线，这个空间实在是太狭窄，太憋闷了。

把这句话反过来理解，**一个人如果想扩展自己的生存空间，无非也就是要做两件事：第一，经常审视那些自己还没有的东西，问自己能力和欲望之间的距离，以免陷入得不到的境地；第二，经常审视那些自己已经有的东西，问自己失去它们又能如何，以免陷入不得不的境地。**这样人的生存空间就大了。

就像有人说，一个人什么时候适合结婚？答案是两个：第一，找到自己配得上的人的时候；第二，即使结了婚也不怕离婚的时候。你看，这就是同时摆脱了"得不到"和"不得不"。

生态扩张主义

有一个概念，叫生态扩张主义。

什么意思呢？有人提出一个问题，为什么欧洲人可以大范围地住在世界各地，比如大洋洲、美洲、南非等各个地方。你可能会说，这不废话吗？因为欧洲人当年到全世界搞殖民地啊。

可是你想过没有，还有一个原因，是生态。欧洲人的船上不仅有人和枪炮，还有植物、动物和病菌。欧洲人到了什么地方，就有可能把当地的生态改造成欧洲人熟悉的样子，让当地有他们可以吃的东西，有合适的病菌环境，等等。这些欧洲外来人口就可以比当地人更舒适地享用这片土地了。这就能够解释，为什么殖民时代结束了，欧洲人还是可以留在当地。

你看，**所有的征服其实都是由两个阶段构成的。第一个阶段，是你的力量打败了对方的力量；第二个阶段，是你的环境替代了他的环境。**

生意网络

假如你是一个生意人。我问你，现在有两个做促销的方案，一个是打五折，一个是买一送一，请问你选哪一个？

你可能会说，一样的啊，都是只拿到原销售额的50%，这有什么区别吗？

有区别。如果你选择买一送一的方案，用户会拿走你更多的商品，他在消费的时候，有更多的时间是在注意你的品牌。你的供货商会多销售一点点，你在他的体系中的价值会多上一点点，比如物流、仓储，等等。所有你的合作伙伴，生意都会多一点点，他们对你的依赖也都会强一点点。你在生意网络里的地位，就是这么一点点积累起来的。

所以，**很多人都以为衡量生意的唯一尺度是钱。错了，衡量生意的最好尺度是流动性。财富是由流动创造的。你推动的流动性越高，你周边的生意网络就越活跃，你在网络中的位置就越稳固。**

失败

我听脸书公司一位高管说，他们公司对于什么是成功的产品，有一个奇怪的定义。

有两种产品，都算是成功的：一种是上线之后快速增长的产品，还有一种是上线之后快速死掉的产品。那什么才算是失败的产品呢？就是那种成又成不了，死又不甘心，通过各种努力勉强活下来的产品。

这背后的道理不难理解。先天不足，靠后天资源喂养，最终还是没法在残酷的竞争中取胜，不如早点死掉，节约资源干点别的。

我听完他的这套说法，内心还是挺震撼的。为什么? 因为传统社会，通常是按照成败论英雄，败了就很难翻盘。但是在一个快速变动的社会，为失败付出的代价变得越来越小，再来一局的可能性大大提高。

所以，**犹豫、拖延才是最大的劣势，而失败本身反倒不值得恐惧了。**

师父

有人质疑，说郭德纲拜侯耀文为师，能学到什么呢？我看到一条神评论："孙悟空拜唐僧为师，能学到什么呢？至少，从此江湖上再没人随便叫他泼猴了。"你看，世俗中对于师徒关系是有误解的。

师徒之间，不仅有知识和技能的传授链条，更有认同的链条。拜名家为师，更重要的意义是被整个共同体认可。因为人类的某些才能，往往来自天分而不是学习。

就拿学相声来说，我就听老先生讲过，过去学相声，就是在相声园子里扫地擦桌子，顺便听上几耳朵。一两年后，师父就让你上去自己说。会说的，就直接开始说；不会的，师父就说你吃不了这一行的饭，请你另谋高就。

所以，**站在师父的角度看，他的责任可不只是对徒弟负责，传道授业解惑；他更多的是要对行业传统负责，识别好苗子，然后把他领进共同体。**

时间

我在网上看到一个思路，说时间管理这件事，其实搞错了时间的本质。

我们一般都把时间当成资源来看，一种非常有限、稀缺、珍贵的资源。但是你想过没有，**时间是一个网络。**

简单来说，**时间的价值主要取决于两点。第一，我可以使用多少别人的时间。**比如说，如果我生活在有闪送服务的城市，我花一点钱找人提供服务，很多事就不用自己跑一趟了。**第二，我能和多少人的时间发生协同。**比如说，我做一个直播，有 10 个人来看，还是有 10000 个人来看，我的时间价值当然就不一样。

这么分析下来，时间管理的目标就变了，不是怎么高效地利用自己的时间，而是怎么让自己的时间和他人的时间更有连通性。

时间杠杆

怎样节省时间？本能的办法，就是挤娱乐休闲的时间去干活。这其实忽略了时间杠杆的巨大作用。

什么是时间杠杆？我的体会有两种。一种是"可积累杠杆"。比如说，在职场上，我每件事情都自己干，那就不如多协同周边的人一起干。这样，一份努力就可以变成很多人的能力。你放心，不会出现什么教会徒弟饿死师父的事，反而会积累出一种可以重复使用的资源。时间一长，很多事自己就不用干了，时间就省下来了。

还有一种时间杠杆，可以称之为"自动化杠杆"。简单地说，就是把一些经常要做的事自动化。比如，每天在固定时间浏览固定的资讯，或者在固定时间、固定量地健身。你可能会说，这怎么会省时间呢？当然啊，单独启动一件事所耗费的时间和心力是巨大的，而把它们自动化了之后，就节省了一大块启动决策的时间。

真正能节省大块时间的方法，都是在时间杠杆上想办法。

时间管理

有一个观点说，时间管理这件事，一般方法的入手点可能
都错了。为什么? 因为它们都想站在自己和时间的外面，规
范对时间的使用。管理得越狠，就越是分秒必争，自己的
生活就会越绷越紧，最后往往会受不了。

**真正的时间管理秘诀是什么? 其实就是四个字。头两个字
是"沉浸"，沉浸在自己做的事里。**你可能会说，不对啊，
我就是沉浸在刷手机、打游戏里，所以才浪费时间，才需
要时间管理。

但光有头两个字不行，还得有**后两个字——"尊重"**。也
就是说，**沉浸的，是你尊重的事情，**比如读书、健身、向佩
服的人请教等。

只要你能说服自己沉浸在这些你尊重的事情里，就不必给
时间打什么格格，做什么约束。能沉浸在这些事情中，其
实就是在最大限度地利用好时间了，而这本身就是最好的
时间管理。

实力

哈佛大学教授斯蒂芬·沃尔特有一篇评论美国实力的文章。他说，一个国家的力量其实是由三根支柱构成的。

第一根支柱，是经济和军事实力。黄油和大炮，这个大家都懂。

第二根支柱，是一系列盟友的支持。盟友是什么？不见得你干什么他们都同意，但是他们明白，跟着你混，他们会受益。所以，关键时刻，他们愿意和你保持一致。

还有第三根支柱，就是对你能力的信心。你办什么能成什么，别的国家办不到的事你能办到，那别的国家即使不知道所以然，也会服从你的领导。

这篇文章说的是国家这个层面的问题，个人其实也一样。**过去我们对实力总有一种误解，以为实力总是用于对比和压制别人。其实，实力更高级的体现方式是为别人创造利益。那比这更高级的体现方式呢？是把自己的事做成。**

史特金定律

文化领域，经常会有鄙视链的问题，比如高雅的看不起世俗的。但这种分类方法，被一个人打破了。是谁呢？一位美国的科幻作家——史特金。

20世纪50年代，经常有人对史特金说：你们写科幻通俗文学的不行，粗制滥造的太多。史特金就说了一句话：任何事物，90%都是垃圾。这句话后来被称作"史特金定律"。

对啊，中国古代，通常认为写诗的比写词曲的要高级。但是仔细一看呢？90%以上的诗也是垃圾。而词曲呢？垃圾当然也多，但也有流芳千古的精品。这虽然是常识，但是经常念叨一下这个史特金定律还是有好处的，它会帮助我们破除那些简单的判断。

无论你宣称自己赞赏什么，讨厌什么，只要你用的是一个简单的抽象概念，结果都是，你错过了10%的精品，而对90%的垃圾照单全收。

试错

很多互联网公司看上去一片混乱，实际上业务增长得还挺好。

通常的解释是，在一个不确定的市场上，公司要不断试错，混乱是必须付出的成本。当然，这种说法还是显得有些无奈。

后来我听到一个新的解释说，这不是试错，而是密封。什么意思？互联网公司的创业团队，面对的是一个新市场，所有方向看起来都通，但这就没法聚集起共识和力量。所以，**往不同的方向去试，证明了错的方向，就等于告诉团队所有人，此路不通。然后，资源、心思和士气就能拧成一股绳，往能通的方向上去使劲儿**。这就像一部蒸汽机，要想运转，必须得有橡胶做的密封圈，这样才能把产生的能量约束起来，集中起来，用到对的地方。

所以，**虽然从外面看，试错是白白付出的成本，但从内部看，它凝聚了团队共识，其实产生了巨大的收益。**

是非

有一句台词很多人引用过，"小孩子才分是非，成年人只看利弊"。

这句话说得牛啊，可以套用到各种情境里，比如失败者才分是非，成功者只看利弊；下属才分是非，领导只看利弊。而它之所以牛，是因为**是非和利弊这两个不同的行为标准，清晰地划分出了两种人：站在一边看事情的人，和实际做事情的人。**

中国人讲的中庸，其实就是这个意思。中庸不是指和稀泥，而是指实际做事情的人的心法。**实际做事情，讲是非对错是没有用的，一定要找到一个恰到好处的尺度，事情才能做对。**

举个例子。开车的关键，是在每时每刻根据当时的情况做出判断。你去看开车人握方向盘的手，只有他不断地左右调节，车才能开成一条直线。旁边人指导向左还是向右，即使都是对的，也没有任何意义。

适度

作家木心说过一段话：**"轻轻判断是一种快乐，隐隐预见是一种快乐。如果不能歆享这两种快乐，知识便是愁苦。然而只宜轻轻、隐隐，逾度就滑于武断流于偏见，不配快乐了。"**

知识，当然能够让我们判断和预测，但这并不是快乐的来源。**快乐来自适度，也就是所谓的"轻轻"和"隐隐"，是留有余地和缺口的。**

有一次，我在一个微信群里接触了几个被传销洗脑的人。他们都不缺知识和文化，但却陷在那种畸形的世界观里无法自拔。他们信得是真坚定。当时，我心里的感受很复杂，一方面对他们很悲悯，另一方面也自我警惕。

我自己不是也有一些坚信不疑的判断和预测吗？真的就那么对吗？如果暂时不改变这些判断和预测，那我能不能把它们变得"轻轻"和"隐隐"呢？一方面，给自己留出改错的空间；另一方面能享受木心所说的那种快乐。

启发

适合

有这么一位书画鉴定家，如果有朋友找他鉴定书画，他在看东西之前，一定要问，你买了没有？如果你还没买，他就实话实说，是真是假。如果你已经买了，他就推脱说对于这类作品自己拿不准，你最好另请高明。因为如果说是假的，就肯定得罪人了。

总之，他的原则就是，**假话绝不说，真话看情况再决定说多少。**反正他是既不能干没水平的事，也不能干得罪人的事。

可能你会认为这位老先生太滑头，我倒是觉得，他的原则符合起码的处事策略。我们自小受的教育，关于什么是是非，太多了；关于什么是适合，反而太少了。

什么是适合？**适合就是不仅仅讲抽象的道理，还要讲究具体的处境和目的。**人生的绝大部分问题，脱离了具体处境和目的，是没有答案的。

收益措辞

理论上讲，**任何一个意思都可以用两种措辞来表达，一个是收益措辞，强调对方会得到什么；另一个是损失措辞，强调对方会失去什么**。人天生都害怕损失，所以一个人会不会说话，关键看他经常用哪种措辞。

举个例子。"老婆，我玩的时候能想着你吗"，这叫收益措辞；"老婆，我想你的时候能玩吗"，叫损失措辞。感觉到区别了吧？

再比如，"你的作品，我有三点修改意见"，这叫损失措辞；"这作品要是能增加三个东西，肯定更受欢迎"，这叫收益措辞。

我试了下，把损失措辞改成收益措辞，马上显得情商高很多。

手机

有位朋友对我说，他想发起一个公益活动，号召大家不把手机带进卧室。

他的道理很清楚，现在太多人每天睡觉前的最后一个动作是放下手机，早上起来第一个动作是拿起手机。这样的话，夫妻之间的交流会减少，灯下阅读的时间会减少。总而言之，过去发生在卧室里的各种美好的事情都会减少。他说："罗胖，你能不能帮我发起一下这个活动？"我说："我不！"

我的道理也很简单。第一，你觉得这样不好，完全可以自己这样做。生活怎样才会更好，这往往是个偏好。偏好这种东西，自己做就可以了，不必号召别人。

第二，人和手机之间的关系将会越来越紧密，**手机会成为人类的一个器官。这是大势所趋，我们没有办法和一个趋势作斗争，与其抗拒，不如迎上去适应它。**

手艺

曾鸣教授讲过一句话：

"一个创业者最终形成的战略，其实包含三个部分，既有科学的部分，就是有规律；也有艺术的部分，就是创造的部分；但是还有第三个部分，就是手艺。"

手艺是什么？就是天天做，重复做，然后积累出来的认知。这样的认知无法言传，只有功夫到了才有。正如武志红说的，**这叫穿过身体的知识。**

我创业以来，体会最深的就是这一点。向着具体的目标，做具体的事，找具体的解决方法，把做的事变成自己的手艺。

书店

去深圳的时候，我顺便逛了一下那里的一家书店，规模巨大。奇怪，不是说书店行业不行了吗? 怎么这里还这么红火?

同行的当地朋友告诉我，**书店还是不挣钱，但是书店可以汇聚客流。**它可以把周边的生意带火，比如餐饮、服装，都因为有这家书店变成了旺铺。

你想，周末两口子逛街，老婆要去买衣服，老公没什么兴趣，于是一个带书店的商业中心就成了最佳选择。老婆安心逛，把老公寄存在书店里打发几个小时，这反而成了书店最佳的应用场景。所以，如果不单独看书店，而是把整个商业中心看成一个产业，书店反而成了一个重要的价值源头。

跨界混搭，从横向整合的角度重新观察商业世界，会看到完全不同的景象。

书名

早年间，文人起书名，怎么起都行。那个时候他们站在社会舞台的中心，起得越随意，反而越有范儿。

但是今天不行了。信息太多，不好好起书名，书真不好卖。那怎么起呢？书也是一个产品。**是产品，就必须解决社会问题。**

比如，冯唐的书《成事》，内容其实并不多，是冯唐对曾国藩一些言论的点评，但这书名起得是真好。成事，多少人奋斗不就是想成点事？你看，这个书名就是在解决一个问题，**把一种空泛的、大家说不清道不明的社会情绪用一个词说了出来，这就是一个好书名。**

用一个词，把一种普遍的情绪精确地表达出来，也是一种本事。

数据陷阱

有一个著名的故事。第二次世界大战时，数学家瓦尔德在美国军队的统计部门工作。有一次，军队让他根据飞机上的弹孔统计数据，来看看在飞机的哪个部位加装装甲比较合适。

那肯定是哪里弹孔比较多，就在哪里装装甲啊。但是瓦尔德说，不对，飞机上最应该加装装甲的地方不是弹孔多的地方，而是弹孔少，甚至没有弹孔的地方。

为什么？瓦尔德的逻辑很简单：飞机各部位中弹的概率应该是一样的，因为敌人并不是瞄准扫射。为什么有的地方会很少？因为那些地方中弹的飞机都坠落了，根本就没飞回来。

有一位数据科学家反复跟我讲这个故事。他说，**世界有无穷多的维度和变量，在你没看到的地方，这些变量埋伏了太多陷阱。所以，越是在这个数据发达的时代，数据越只能是一个验证猜想的工具，而不是指挥棒。**

数 量

硅谷的投资人王川老师写过一篇文章，讲数量和质量的关系。他的观点很简单，**质量问题其实就是数量问题。**

比如说，人工智能这些年的大爆发，其实并不是因为算法上有什么大突破，而是因为算力上的突破。再比如，有人哀叹"世态炎凉，遇人不淑"，其实本质上还是接触人太少了，因此没得选。再比如，有人说新媒体、新电商不好做，其实本质上是下的功夫太少了。

那奇怪了，既然质量就是数量，为什么还会有人强调这个分别呢？王川说，**很多人强调质量问题、方法问题，其实是在幻想不增加数量的前提下，用某种奇技淫巧、偷工减料的方式达到目的。**这时候什么玄学、迷信，以及各种无病呻吟就出现了。

在数量不够多，底子不够厚的时候，很多事就是做不到。即使有时候看似有捷径，因为缺乏数量和后劲，欠的账也是要还的。

衰老

有一个问题: 人是从什么时候开始衰老的? 是岁数大的时候吗? 不一定。蔡钰老师说,是从人生的高光时刻开始的。这一辈子,什么时候你最光彩,什么时候衰老就要开始了。

为什么? 因为人是靠成就奖赏的反馈活着的。最高光的时刻,就是成就奖赏最强的时刻。后面如果没有什么事可以加大奖赏的剂量,那一个人的衰老就开始了。

从这个角度看,**防止衰老,最好的办法是让自己一生都处在上升期,让后面都有更好的高光时刻。**你可能会说,这怎么可能? 当然可能。

有两个办法: 第一,做一个巨大的工程,要用一辈子去做的工程,把人生最辉煌的成就拖到最后才交卷; **第二,做价值持续积累的事,**比如当老师,岁数越大,培养的学生越多,人生的奖赏越到后面越大。这样的人生,其实就是不衰老的人生。

S

水流

有人说，创业就好像一个人在森林里迷了路。

那怎么走出去呢？方法无外乎两种，一种是试图找到一张准确的宏观地图，另一种是不要地图，只要找到一个靠谱的依据。

吴伯凡老师说，在森林里，这个依据就是水流。跟着水流走，坏处是会走弯路，但好处是不走回头路，总能走出去。跟着水流走，你还会遇到那些也来找水流的聪明人，大家一起走，就更安全。直到走出森林，这帮人其实也不知道这片森林的地图是怎样的。

你看，**如果你想做成一件事，重要的不是认准一个道理，而是有能力发现新的事实。一方面根据事实来修正自己的道理，另一方面不断遇到那些同样尊重事实的人，一起往前走。**

说服

一个段子说，有一对儿老两口，老吵架。一吵架，老太太就不理老头，一句话也不说，老头就着急难受。

后来老头摸索出一个办法，他把家里所有带螺口的瓶子，不管是酱油瓶，还是泡菜罐子，都拧得紧紧的。老太太拧不开，就只能找老头："帮我拧开！"这话只要说了第一句，后面的事不就好办了吗？

你看，**说服一个人最好的办法，不是用道理、用诚意、用行动，而是给他制造一种情势。**

从这个小故事，你会发现，人为什么会主动说服自己？因为每个人都很难摆脱自己的惯性。一个老太太自己平时打得开的瓶瓶罐罐忽然打不开了，也就是惯性被阻断了，她太难受了。说话也一样，一旦开口说话，让她开启了一个惯性，她也就回不去了。一切套路的背后，都有一个惯性在起作用。

说服工具

请问，怎么说服人做一件事呢？你可能会说，这还不简单，晓之以理，动之以情。但是，在实际生活中，这两招都用处不大。

为什么？虽然人是理性动物和情感动物，可以拿道理和情感当说服的武器，但别忘了，人还是一种惰性动物，对过去的生活方式、思维模型、行动路径，都有强烈的惯性。说服人，本质上就是让人摆脱旧的，接受新的，其实远比我们想象的要难。

那最好用的说服工具是什么呢？是"第一级台阶"。举个例子。有两家餐馆，一家的广告是：吃饭就到我这里来；另一家的广告是：晚餐就到我这里来。那请问，哪个广告的效果好？当然是后者。表面上，好像晚餐比吃饭要少一半生意，但是晚餐比吃饭要更加具体。

具体的东西更容易引导你的说服对象踏上那关键的第一级台阶。

说话

有人说，罗胖，你真能说。其实，我真不当这句话是夸我。

首先，能说对身体特别不好，日出千言，其气自伤。

其次，特别勤于表达的人，其实很少能有退路。很多事情没想成熟就脱口而出，会让自己陷入一张自己的话布起的大网中，人生往往疲于奔命。

最后，也是最大的一个坏处，就是**勤于说话的人会把一个念头放大为一套完整的表达**，这套语言一旦说出口，就已经是一个和自己无关的客观存在了。**它会自己长大，反过来作用于你自己。**比如，原来只是对一个人有点看不惯，一旦和别人闲聊的时候把这个念头说出来，这个看不惯就会得到加强，你对这个人的厌恶感就会倍增。

说谎

有个朋友欢天喜地地告诉我，他两岁多的儿子会说谎了。我说，你儿子会说谎了，你还高兴得鼻涕泡都出来了？你是亲爹不？

他说，你可别小看说谎这件事，在儿童时代，说谎不是什么道德问题。**孩子开始说谎，说明他人生中最重要的智力训练开始了。**人的智商、情商发育都是靠说谎来锻炼的。

你想，**说谎可不是一个单向行为，一个谎撒出去，一根漫长的链条就被启动了。**你得斟酌这个谎话的可信度吧？你得判断对方的反应吧？然后，你还得准备新的谎话来应付这个反应吧？这个谎话又会引发新的反应，你还得再应付吧？所以，这是孩子人生中第一次应对如此复杂的情况。他的智力成长第一次有如此坚实的阶梯。这不值得高兴吗？

思维方式

有一种思维方式叫**聚合思维，也叫求同思维，就是把看到的所有新东西，都归类到自己熟悉的东西里去。**

比如看到寿司，说这不就是米饭加鱼片吗？看到比萨，说这不就是把肉放到了烧饼上面吗？

再比如，说互联网思维的那些东西，工业化时代不是就有了吗？有什么新鲜的？用这种思维方式想问题，归纳性强，也比较容易获得安全感，因为世界上没有新东西。

可是，还有一种和聚合思维相反的思维方式，叫**发散思维，就是总会注意到事物新奇的、不同的特点**。米饭加鱼片，叫寿司？这个没吃过，一定要尝尝。

世界上绝大部分辩论都是由这两种思维方式的矛盾引起的。

思想家

过去看书，尤其是思想方面的理论书，经常会被那些晦涩的词困扰，比如"能指""所指""后现代""解构""复调理论"，等等。看多了之后，就会觉得那些写书的人故弄玄虚。心想，你们就不能说人话吗？

但是后来我看到法国哲学家德勒兹的一个说法，他说，理论和哲学之所以要发明这些晦涩的概念，不是因为思想家们愿意这么做，而是因为**这个世界本来就有一些部分是晦暗不明的，是很难表达的。而思想家的工作，就是通过发明概念和词语，把这些部分指出来，让世人看到。**

这个工作当然相当艰难，难免要生造词汇。刚开始，大家不适应，觉得晦涩，但是时间长了，有不同的人都看到了这个晦暗的角落，这个角落就会被照亮。

你看，**很多我们要怪罪到人身上的事，其实都是世界本来就有的困难。**

死磕

互联网时代的死磕和传统时代的死磕作用是不一样的。

以前，死磕只是为了得到更好的结果。所以有的人就会怀疑，风险这么大，万一得不到那个结果怎么办？

可是**在互联网时代，死磕一件事，可以让你不仅走在通向结果的路上，还可以让你向周围的人传播自己的品牌，让周边所有的人知道你是一个靠谱的、认真的、不获全胜决不收兵的人。**就算你原先要的那个结果没得到，也没关系，一个靠谱的人，是人人都希望合作的人。

所以，**众目睽睽之下的生活策略，就是专心干自己的事，用干那个事情该有的样子去干自己的事。**

素养

我们经常讲"素养"，这个词到底是什么意思？

原来我是望文生义，"素"就是元素的素，是基本的意思，那"素养"就是基本修养。但是后来我偶然看到了这个词的来历。

原来这个词出自《汉书·李寻传》中的一句话："马不伏历，不可以趋道；士不素养，不可以重国。"意思是说，这马啊，得让它晚上趴在马槽上吃饱了，这样它白天才能驮着东西赶路；国家平常就得重视培养人才，否则这个国家就发展不起来。所以，这个"素"，不是元素的素，而是平素的素，日常的意思。**素养这个词的意思，就是日积月累出来的修养。**

从这个解释来看，**我们说一个人有没有素养，意思就不是这个人水平高不高，而是在他的身上能不能看到那种水滴石穿的痕迹。**所以，想知道自己在别人眼里有没有素养，只要反思一下自己有没有每天都在重复地积累就行了。

算法

有一位老师发微博说，他在深圳遇到一位出租车司机。这位司机说，现在他们主要得和各种出行平台的算法斗。

怎么斗呢？如果你只用一个平台，平台上的算法发现，你这辆车，派什么单就接什么单，很稳定，所以各种小单就会派给你。而精明的司机，会在几个平台之间换着用。这样算法就会判断，你是一个随时要跑掉的司机，得留住你，所以就会把好活儿派给你。算法越这么想，司机就越会这么换着用。

站在平台的角度想，给新来的、不稳定的合作者尝点甜头，留住他们，这好像没什么不对。可他们没有意识到，这其实是在欺负原先那些稳定的合作者，所谓的大数据杀熟，就是这么来的。

你看，**一次没道理的奖励，其实就是很多次对其他人不公平的惩罚。**

算账

和人讨论电子书的问题。我问，同样内容的书，电子书的价格应该是纸质书价格的多少？

很多人都说应该是十分之一、三分之一。我就问，为什么不能价格一样呢？

他们说，那不合理啊。电子书的成本低多了，又不用印刷，又不费纸张，凭什么那么贵啊？我说，一次购买电子书，可以终生随身携带，搬家不用费劲搬书，做笔记更方便。如果是我，同样一本书，即使电子书比纸质书贵我都会买电子书。

这样的争论永远不会有答案。不过你看出来没有，**这个世界上有两种算账的方式：一种是从别人的角度算账，看别人占了多少便宜；还有一种是从自己的角度算账，看自己占了多少便宜。**这两种算账方式下，为人处世的方式也会有所不同。哪种好，我们得自己琢磨。

损人不利己

对于损人利己的人，我从来不抱怨，因为这是人之常情。**社会合作从来不会因为人人利己而崩溃。真正给我们的社会协作带来困扰的，是那些损人不利己的人。他们的最大问题是，搞不清楚自己的利益所在。**通常来说，有三种可能。

第一，利益眼界太狭窄，也就是只看得到眼前利益，看不到更长远、更多元的利益格局。比方说，对自以为可以信任的人说其他人的坏话。

第二，利益被各种情感因素绑架。比如，在生意场上因为看对方不爽，而宁可毁掉一桩原本可以双赢的合作，所谓"打翻狗食盆，大家吃不成"。

第三，只看到自己的利益计算，而不会从他人的角度想一想，自己单方面的图谋有没有可能实现。

所以，如果说坏人的问题是道德问题，那这些损人不利己的人，他们的问题就是智力问题。

损失厌恶

有一个心理学上的词，叫"损失厌恶"。

比方说，**一个人白捡100块钱带来的快乐完全补偿不了丢100块钱带来的痛苦。**这种心理在经济学家看来完全不可理喻。因为太不理性了，毕竟都是100块钱，效能是一样的。但是如果从进化心理学的角度来看这个问题，结论就不一样了。

你想想，一个上顿不接下顿的原始人，丢了一顿饭，没准儿就丢了一条命。而多了一顿饭，他也没冰箱，没法储存，价值就没那么大。你看，在现代人看来等价的东西，在原始人看来价值完全没法相比。

而我们带着这样一个石器时代水平的脑袋去过现代的丰裕生活，当然有时候就显得很傻，不理性了。

讨好

有一位企业家跟我感慨，现在的消费者也太不可理喻了，面对讨好他们的人，他们不领情；面对高贵冷艳的人，他们反而忠心跟随，痴心不改。你说这是什么现象呢？我说，这其实就是工业时代转型的一个现象。

原本，人们生活在相对固定的社会关系中，人和人之间要想充分协作，减少摩擦，就得相互讨好，以巩固那些关系。

可是，互联网带来的横向连接可能趋向于无限大，人不再局限于一些固定的社会关系中。所以，这个时候，**人类协作的黏合剂就不再是彼此讨好，而是彼此吸引了。**

那些高贵冷艳的人，你可能看不惯，但是在喜欢的人看来，他们就是"有性格，有情怀"。一句话，讨好的时代过去了，吸引的时代开始了。

提拔

你有没有想过，在工作岗位上，**一个人为什么会被提拔？**

答案好像明摆着，**无非两个原因：第一，能力强；第二，被领导或者组织信任。但在现实中，另外一个原因也非常重要，就是有人能接替他现在的位置。**

很多人既能干，又被信任，但之所以迟迟没有被提拔，就是因为他要是升官了，他现在的活儿就没人干了，只好等等再说。你可能会说，这对他不公平啊。但是，组织行为从来不是以公平为第一目标的，而是以组织自身的利益为指针。

看清这个事实，所有职场里的人，就可以重新整理一下自己的优先级。达成当前的工作目标固然重要，不断充实提升自己也很重要。但是，为自己的岗位找到一个能接替自己的人，培养他，给他机会，更重要。利他就是利己，听起来是鸡汤，但在现实中，这就是事实。

提醒

有人做过一项实验，如果你想让自己多喝水，很简单的办法，就是在自己桌上放半杯水。而且做实验的同学说，放在左手边，大概每天能多喝8~10杯水，放在右手边，大概每天能多喝4杯水。

这个实验至少说明了一点：想让一个成年人做一件事，最重要的不是让他懂这个道理——多喝水这个道理谁不懂呢，或者让他拥有某种能力——喝水谁还不会呢，而是提醒，而且是那种贴身的、把大目标切成小行动的提醒。

举个例子。好多人都想抽空把英文捡一捡，不缺动机也不缺能力，但为什么不做呢？没有人提醒啊。你可以想象一下，如果你有个秘书，每天把10个不一样的单词贴在你的电脑屏幕或者座位上，你是不是也就学下去了？

想要推动一个成年人做一件事，别跟他讲道理，也别怪能力，不断提醒他就好。

体验经济

在一个会议上遇到了一位朋友。他说，某个瞬间，他突然明白了什么是体验经济。

他给我看他脚上穿的鞋，说这鞋他买了8双。为什么? 因为这鞋有5厘米的内增高。其实这位朋友并不矮，而且已经功成名就，也不用靠个头儿去博取什么社会竞争力了。那他为什么还要穿这种内增高的鞋?

他说，一次偶然的机会，他穿上了这种鞋，发现自己的视野一下高出了5厘米。这5厘米的视野真是美妙，一旦体验到了，就绝不舍得再失去了。所以，他就干脆买了8双同样的鞋。这样，他就随时可以享受高5厘米的视野了。

他说，从这个例子中，他悟出了**体验经济最核心的特征，就是没法退转。一旦体验到更美好的东西，就没法再退回到原来的体验层级上去了。**体验经济有前途，原因就在此。

T

天才

浙江大学江弱水教授的书《诗的八堂课》中提到天赋和天才的区别:**"有天赋的人能够射中别人射不中的靶子,而天才能射中别人看不见的靶子。"**

他拿杜甫和李白做比较。杜甫写诗,是有中生有,所以是有天赋的人。但李白更高一筹,很多李白的诗,无论是对象还是意境,都是无中生有,所以李白是天才。

这让我想起很多公司都在推行的OKR方法,也就是目标与关键成果方法。其中的一个要点,就是要找到公司目标和个人目标的结合点。但是,难点也就在这里。很多公司在推行OKR的时候都发现,大多数人能执行别人定下的目标,却没有自己的目标,也就是没有"别人看不见的靶子"。

你看,**在未来高度不确定的环境中,有天赋是不够的,每个人都必须成为某种意义上的天才。**

天人交战

友邻优课创始人夏鹏老师讲过一段话，我深有同感。

他说，**什么叫奋斗？加班，是奋斗吗？拼命往外面跑，是奋斗吗？都算。但最有价值的奋斗，是我们内心的挣扎，就是所谓的"天人交战"。**

我应该怎么怎么做，但我现在做不了，我怎么去调和？我必须怎么怎么做，但我不会做，我应该怎么办？别人让我做什么做什么，但我就是不情愿，我应该怎么办？我现在就想做这件事情，但我未来可能会因为这件事情而受损，我应该怎么办？这样的"天人交战"经历多了，一个人才能成熟，才知道在各种微妙的情形下怎么找到内心的平衡。

弗里德里克·迈特兰德讲过一句话："简单是长期努力工作的结果，而不是起点。"对，当我们看到一个人做某件事很轻松，讲出来的道理很简单，那是因为他已经把最艰难的平衡和内心的冲突都消化掉了，而那些东西是永远也讲不出来的。

跳 槽

好几个人跟我商量跳槽的事。我的建议当中，有一个共同的东西，就是千万不要有毁掉重来的心态。

人一辈子就这么短，是经不住几次毁掉重来的。**跳槽和离婚可不同，它是踩着已有的东西去够那些自己还没有的东西。它一定不能是因为对现状的嫌弃，而应该是因为想更好地利用现在的资源。**如果你发现现在的资源没什么好的，那问题就来了。这说明你没有建设性地经营自己的习惯，跳到一个新的地方，结果一样还是不满意。

比如，有一个坐了三年牢的人，出来之后身体特别好。他说，坐牢也能向不同阶层的人学习，顺便调理饮食，高血压都治好了。每天再做几十个俯卧撑，身体倍儿棒。

你看，会经营自己的人，连坐牢都不会觉得一无所得，现在的工作，再坏也坏不过坐牢吧。

跳船力

王烁老师提到一个有趣的概念，叫"跳船力"。

什么意思呢？就是很多衰落的组织，往往会陷入"作死循环"，坠落趋势根本止不住。请注意，这不是因为这个组织里的人蠢，他们可能都是理性的，而是因为这个系统的状态运行到循环作死的逻辑里，拔不出来了。

怎么办？组织里的人就得学会及时跳船下海，保证自己不和它一起沉没。这种能力就叫跳船力。那怎样才能有跳船力呢？王烁老师一言以蔽之："**不要只做局部环境中的最佳选择。**"

比如，你在一家公司工作，在这个局部环境里，最佳的选择当然就是全力以赴地工作。但是，如果从跳船力的角度看，你就不能把所有的时间、精力都投入工作中。你总要留有余地，做点看起来没用的事，读点没用的书，为你随时随地保有一定的跳船力做准备。

通感

有一位搞音乐教育的老师跟我讲，培养小孩子听音乐，千万不能用大人那一套，讲解什么音乐的主题、创作背景、思想内涵，比如贝多芬的《第五交响曲》就是命运在敲门。这些东西都是概念，小孩子很难有接受概念的能力。

那该怎么办呢？你可以给孩子放一段音乐，然后问他，这段音乐是什么颜色的？是蓝色的还是白色的？是什么味道的？是咸的还是甜的？当孩子接纳了这段音乐，然后运用通感能力，将它表达成另外一种感受的时候，这段音乐就真的在塑造他的审美能力了。这对他将来写作、表达都会有巨大的帮助。

你看，**学习有两种模式，一种是从信息到概念，然后储存；另一种是从一种感受到另一种感受，然后输出。**后一种学习方式，就是我们经常说的让知识穿过身体，这样知识也会成为我们的财富。

启发　　　　　　　　　　　　　　　　　　　**387**

同场竞争

在商业领域，人们经常谈行业竞争。但是在未来，竞争其实不是行业内部的事，即使赢得了行业内的竞争，也有可能输掉公司的未来。

为什么？因为未来的商业竞争，本质上是争夺消费者的时间。

你看，随着科技发展，**未来一切都可能是充裕的，唯独消费者的时间和注意力是稀缺的。电影院、咖啡馆、出版社、培训机构、旅游公司，实际上都是在争夺同一批消费者的时间，是同场竞争，没有行业之分**。大家的着眼点都是，占用了消费者多少时间。

作家凯文·凯利把这个说法又推进了一步，他说，**未来，很多行业其实都是过滤器——在海量对象中，把无效选择过滤掉，让人更好地利用时间。**

童工

读历史，很有意思的一点是，你会经常碰到不同时代的人，发现他们在价值观上的重大差异。

比如说，仅仅在一个世纪之前，欧美还流行童工制度。到了1880年，一个美国的爱尔兰移民家庭，孩子挣的工资还要占全家收入的近一半。

今天我们都知道，这是万恶的童工制度。但是在那个时代，包括一些知识分子在内的很多人都在为童工制度唱赞歌。直到20世纪初，才有人开始反对童工。当时还有一位作家义正词严地反驳说，如果一个体制不许儿童在艰苦生活中磨炼自己，而是鼓励他们去街上踢球，那么林肯就根本不会出现。这简直就是对人类犯罪。

人类文明的很多进步，当时仅仅是一个观念争议，但时隔几十年再回头一看，简直恍如隔世。

童年

当了几年爸爸，我最大的收获就是重新理解了童年。都说快乐的童年，其实不然，童年其实是一段很苦的日子。

你想，一个孩子，他的世界就那么点儿，控制世界的能力也就那么点儿。就像那句话说的，世界的一粒灰，落到他们头上就是一座山。一个玩具坏了，或者遭遇到一点点不公平，大人看来也许不算什么，但在他们看来，那就是天塌了一样的灾难。

从这个角度看我们自己，也是一样。如果我们觉得一件事有天大，带来了天大的悲哀，原因也只有一个，那就是我们看到的世界太小了。

所以，**给孩子知识不是目标，帮他们看到更大的世界，从艰苦的童年状态解脱出来，才是目标。童年没有什么值得羡慕的，成长才值得羡慕。**

投资

张泉灵曾经在中国传媒大学讲过一次课。她从央视主持人转做投资人，这个身份转换还是很大的。

那怎么做投资人呢？她说了一个简单的心法，就是想象一下，如果自己求职，会到什么样的公司；如果这家公司邀请自己加入，自己会不会动心。

背后的道理很简单。**投资人是用钱来投资一家公司，而员工是用生命和时间来投资一家公司，都要用非常负责的精神去判断这家公司和这个行业是否有未来，是否正处在上升通道。**

对大多数人来说，张泉灵的这个心法可以反过来用。如果你要考虑加入一家公司，那你就想，我愿不愿意用一大笔钱投资这家公司。如果愿意，那就加入。因为对于真正明智的人来说，生命是比钱贵得多的东西。

启发

透明度

西汉的丞相——也是刘邦的重要谋士——陈平，有一次逃亡时，要坐船渡过一条河。

摆渡的船夫看见陈平相貌堂堂，又是一个人赶路，就怀疑他是一位逃亡的将领——反正是个大人物，所以身上肯定有钱。于是船夫就起了歹意，看着陈平，眼露凶光。陈平意识到情况不妙，但是已经上了贼船，能怎么办呢？求饶？认怂？斗狠？都没用。

陈平灵机一动，二话不说就脱掉上衣，光着上身开始帮船夫划桨。船夫一看，上衣都脱光了，也没看到什么金银财宝，还是算了吧。

这个故事告诉我们，**在复杂的环境中生存，有时需要你保持透明度，而且是提前保持透明度，不要事到临头再解释。**

突变

何帆老师在他的年度报告里提了一个概念，叫"演化算法"。这既是对中国发展模式的一个解释，对个人发展也很有启发。何帆老师说，演化算法包含五个"绝招"，分别是：试错、突变、适应、协作和混搭。

有个同事就问我："罗胖，你如果要尝试一下其中的突变，你会做什么呢？"

我想了想说："我可以发个大愿，把《资治通鉴》再读一遍，或者是再学习一门外语。"

那个同事就说："你这叫什么突变？你这不还是在原有的路子上前进吗？你这种只愿意使用理性来处理事情的人，如果突变，应该是突然喜欢养一些花花草草，或者是突然尝试去画画，开始用感性去体验这个世界啊。"

这个批评说得对。**我们经常觉得自己在做巨大的改变，但跳出来一看，往往还是在原地画圈。**

土地

忙里偷闲，去北京大学听了半天周其仁教授的课。

他有一个观点很有意思。在现代化之前，人类的财富，像粮食、资源，都体现在土地上，所以，人类的主要矛盾是争夺土地。战争的主要目的，其实也是抢别人的土地。

但是现代经济不一样。一方面，每平方公里的土地出产的财富大大增加了。比如纽约市，这个数字达到了十几亿美元。而另一方面，现代经济又衍生出一种自我保护机制。**这么昂贵的土地，你占领了有用吗？没用。因为你一动手打，财富就自动消失了。**比如纽约，你要是武装占领它，华尔街就不干活儿了，这个城市就完了。

你看，人类的战争越来越少，过去我们总是将其归功于核武器的威慑。但是现在看来，现代经济的演化也是一个重要的原因。暴力，正在成为一个越来越没用的东西。

推己及人

原来你要是想了解其他人的想法，方法很简单，就是推己及人、将心比心。一件事，我不知道别人怎么想，但是反过来想想我自己在这个处境下会怎么想，基本上也就可以推断出别人的想法了。这个方法，我用了很多年，一直很好用。

但是，这几年我发现这个方法不灵了，原因有两个：第一，社会在多元化，人和人的差异变得越来越大。第二，自己在一个领域扎得越深，就越不知道不在这个领域里的人怎么想。

有一个词叫"知识的诅咒"。没有专业的知识，你就没有竞争力。但是如果有了某种专业知识，你就为自己打造了一个认知牢笼。

这么说来，**人一生的学习，可以分成两个阶段：第一个阶段，学习知识，建立竞争力；第二个阶段，走出知识的牢笼，重建同理心。**

退休

硅谷投资人纳瓦尔对"退休"这个词有一个很有趣的定义。**什么是退休？不是不工作，而是不再为了想象中的明天而牺牲今天。**

按照这个定义，**一个人的退休方法有很多种。第一种方法当然是存够了钱，想干什么就干什么，**不为明天焦虑，这个人的状态是退休了。**第二种方法，是把开销降到几乎为零，**比如说出家修行，那也不用为明天焦虑，也算退休了。其实还有**第三种方法，就是做自己热爱的事，**能不能挣到钱无所谓。

我觉得第三种方法最好。为什么？因为通常做自己热爱的事，就是找到了最独特的价值。在我们这个时代，独特价值通常都能挣到钱。

比如你学过画画，你真热爱，就在社交平台上直播画画，画一张卖一张。只要你不想着怎么扩大规模，不为明天焦虑，你信不信，真的就能有不错的收入。这可能是我们这代人最理想的退休生活了。

蜕壳

有一个说法，说龙虾其实是一种生存能力和免疫能力都非常强的物种，通常不会衰老而死。

那龙虾一般都是怎么死的呢？被我们吃掉不算。**龙虾最主要的死法，是来不及蜕壳。也就是说，它的身体长大了，但是坚硬的外壳来不及同步长大，龙虾被活活憋死了。**

这个说法的科学性如何我不知道，但是我知道，很多国家和公司确实就是这么憋死的。比如，很多帝国，实力强大，不断扩张，但是它们的壳，也就是宗教、文化、制度、社会结构跟不上这种增长，结果帝国就崩溃了。这不也是一种"憋死"吗？公司也是一样，每时每刻都在追求变大，这没错，但是它的操作系统真能支持它变大吗？

有句话说得好，当你看见一家公司很混乱的时候，有两种情况，一种是真混乱，还有一种是它在蜕壳。

妥协

哲学家齐美尔说过一句话很有意思："最高境界的处世艺术是不妥协却能适应现实，极端不幸的个人素质是不断妥协却还不能适应现实。"

你看，这就把高人和普通人区别开来了。为什么会这样？答案是两种妥协和适应的本质不一样。**高人的不妥协是行动上的不妥协，适应是态度上的适应。**有领导力的人都这样，我心里有的行动目标是不能变的，但是面对不同人的不同情绪，我可以自如地变通。

而普通人正好反过来，他们不能妥协的是态度，行动上倒是可以随意地变。你一定听过很多人说这样的话："我跟他捣乱，不是为什么利益，我就是咽不下这口气。"或者，"这件事我之所以不做，是因为没必要非得把关系搞僵。"

你看，他时刻在意态度和情绪，因此不坚持任何行动。这就是为什么老是妥协却很不幸的根源。

挖人

参加领教工坊的活动时，有人问雕爷，**怎么才能留住关键岗位上的员工？**

雕爷举了一个例子。他公司的设计师，在行业内公认水平比较高，但是没有被挖走过。

为什么？核心原因有两点。**第一，是给盼头，小幅度但高频率地加薪。**不是按年，而是按月小幅度加薪。外面挖人，靠的无非就是加薪。被挖的人一算，在这儿只要好好干，过段时间也会加到这个水平，那就一动不如一静了。

第二，是给宽松。雕爷说，用关键岗位上的能人，最重要的心法就是不能往死里用，最多要求他一半时间在工作，要给他涵养心智的时间。外面高薪挖去的人，一定是往死里用。那被挖的人也知道，那样的话，过不了多长时间自己就会被使废了，自然就不会走。

完整意图

看到一个段子。楼上的住户问楼下的人："你好，我住你家楼上。我们是同样的户型，我家准备装修了。请问，你家刷墙买了几桶油漆啊？"楼下说："13桶。"楼上说："好，谢谢。"

过了好多天，楼上又问："我买了13桶油漆，刷完墙之后怎么剩了5桶呢？你是不是记错了？"楼下说："没错，我家也是剩了5桶啊。"

人家问的是买几桶，而完整意图是在问需要用几桶。这虽然是个段子，但是在工作中，这种情况其实很常见，**执行任务的人经常无法理解布置任务的人的完整意图**。领导说，客户约的会，怎么他们还迟到呢？其实领导关心的不是迟到问题，而是客户关系是不是出问题了。

你看，**通过自己的经验完整定义他人的意图，这是人工智能可能永远也做不到的，也是人永远不能放弃的沟通优势**。

W

玩具

爱因斯坦有一次这么解释相对论，他说，一个男人如果是在和一个美女聊天，那一小时就是一分钟；而如果是在热火炉上坐着，那一分钟就是一小时，这就是相对论。

其实说到底，这不是相对论，而是人的一种心理机制。

不过它也告诉我们一个道理：**活着的质量是和面对的对象有关的。**说白了，**提升生活质量的一个重要方法就是给自己找一个新对象，一个新玩具。**

能够把一个人的生命照亮的玩具有三个特征：第一，要简单，不至于复杂到像网络游戏那样让人沉迷；**第二，要精致**，以至于虽然简单，但是里面有无穷的细节和无尽的变化；**第三，要美丽**，以至于虽然长久面对，但不会生厌。比如一把口琴、一支画笔，就符合这几个标准。

玩游戏

孩子该不该玩电子游戏？第一反应当然是不该。因为电子游戏背后那一大群专家，研究的就是怎样让用户沉迷，孩子很容易就不能自拔。

但有人反驳说，不，应该让孩子玩。你不能只看游戏本身，还要看到它背后的社会结构。现在游戏的普及率这么高，别人的孩子都玩，你家孩子不玩，他就会被孤立。

又有人反驳说，不，还是不该玩，孩子沉迷游戏事小，更重要的是，周围的人都说玩游戏不好，他知道的，他容易陷入对自己的负面评价，觉得自己就是一个没出息的人。这种自我负面评价比沉迷游戏害处更大。

上面说了三个答案，我不知道你认同哪个。但这三个答案有一个共同点，就是**一个事物无所谓好坏，关键在于它周边的社会结构是什么样的，以及我们以何种方式受这些社会结构的影响。**

网络效应

有这么一句话："**思考的时候，将好事打五折，坏事翻一番；行动的时候，将好事翻一番，坏事打五折。**"听起来有道理，问题是为什么要这样呢？

这牵涉到思考和行动不同的网络效应。思考的时候，你想到的好事，会激发你找证据证明这是一件好事，也就是所谓的自我合理化。所以，好事是被逻辑网络强化了的，必须打五折。

但是行动的时候不一样，做了一件好事，被周边的网络感受到了，不管是被感召了来帮助你，还是赶上来占便宜，总之，这件好事因为被看到了，就会被网络强化。所以，就要翻一番。

很多能干的人经常讲，想那么清楚干吗？干起来再说！他们不是胡来。他们是想避免那些好事在想象中被打折。他们更是想追求那些好事在行动中被翻番。

忘他

从小我们就听到一个词，"忘我"。在王建硕的文章里，我又看到一个词，"忘他"。**忘他，不是指这个人自私，而是指这个人进入了一种忘掉他人、独自创造的精神状态。**

比如，同样是写文字的，记者必须忘我地投入采访，而作家则必须忘他地投入创作。再比如，同样是写代码，程序员和工程师是不一样的。通常，程序员是把别人，比如说产品经理的想法翻译成代码；而代码工程师不一样，他必须忘他，他的脑子里得先有一个完整的、逻辑清晰的世界，然后通过代码展示给别人看。

我第一次看到"忘他"这个词，精神一振。过去我们以为做事只需要忘我，因为这样才能理解客户、利用算法、洞察痛点。

但是跳出来一看，**这个世界上大多数真正有价值的事，其实是忘他的结果，比如说写一部伟大的小说，或者创办一家伟大的公司。**

威胁

有一次，我和一位创业者聊天，他在他那个行当里已经做到第一名了。

我就问他："你觉得你这个行当里的第二和第三名对你有威胁吗？"他说："没有，我最害怕的是刚进入这个行业的那些小企业。"我问："为什么呢？"

他说："第二、第三名的企业拥有的资源类型和我差不多，打法差不多。说白了，他们的资源和思路，都锁定在我这条路上了，但是什么都不如我，那还有什么可怕的？但是那些刚刚入行的小公司就不一样了，他们没有什么资源。所以，他们一定在逼着自己想别的办法，用其他类型的资源超过我们。万一他们想出来了，形成了竞争力，到时候，船大难掉头，难受的反而是我们。"

他还说了一句话：**"要小心那些满手都是坏牌的人，因为当手里的每一张牌都是坏牌时，他们想要赢一把，唯一的办法就是打破游戏规则。"**

微粒社会

我在罗辑思维节目里聊过一个概念，叫"微粒社会"。

什么意思呢？就是说，**社会不再能被划分成那种粗颗粒的人群和阶层了，因为数据技术的发展，现在每一个人都不一样，每一个人都只是他自己，很难归类，这就叫微粒社会——颗粒度很小的社会。**

在微粒社会里，人生经验的价值变得越来越小。不只是年长者的经验对年轻人来说借鉴价值变小了，即使是同一辈人当中，成功者的经验也没什么可复制性。从这个角度我们才能解释，为什么心灵鸡汤这种东西开始被嫌弃。

本质上，**这不是因为心灵鸡汤质量下降了，而是因为我们每一个人都在孤独地面对自己的机会和挑战。**

伪装

观察黑猩猩的科学家发现，一个黑猩猩群里的头儿，也就是猩猩王，看上去要比群落内第二大成年雄黑猩猩强壮得多。但实际上，这是一个假象。

为了造成这个假象，猩猩王有两种方法。第一，平时它就把自己的毛发微微地竖起来，那看上去肯定要大上一圈。第二，它在走路的时候，总是迈着一种缓慢而稳重的步伐。那意思是：我的身躯很庞大、很沉重，你们都给我小心点。

动物学家们还发现，如果这只猩猩王被斗败了，被从王位上赶了下来，它微微竖起的毛发，缓慢稳重的步伐，这些臭毛病就全没了。要是还那么嚣张，它肯定得挨揍。

了解了这个知识，我立即就理解了那些装深沉、装文艺、不懂装懂、不行装行的人，他们不过是要把毛微微竖起来一点而已。

为己

我经常讲一个有点犯忌讳的道理：**人做什么，应该都是为了自己。**

比如，我和同事讲，你千万别想着牺牲自己，为公司做贡献，你做什么都应该是为了你自己的成长。我们的责任，是找到方法让你和公司共赢。

再比如，你做慈善也不是因为可怜穷人，是你要对自己更满意，让自己对社会问题有判断，有担当。

再比如，你去听音乐会，注重着装，不是对演奏者的尊重。本质上，你是在尊重你自己和这段音乐的缘分，尊重自己花出去的时间，让自己变得更完美。

未来

在总结自己过去一年的认知变化时，我说了特别重要的一句话：**"现在就是未来。"**

什么意思呢？过去我总觉得，未来是未来，现在是现在。未来之所以有价值，是因为我们可以通过努力，让它变得和现在不一样。所以，未来是想象和规划出来的。但是，后来，我有个新的感受，说白了就是，**未来是什么样子，跟规划的关系不大，它更多是通过做好手头的事来实现的。**

比如，一位导演，拍好手头这一部电影，有了票房，有了业界的口碑，下一部的片约和机会也就来了。再比如，你在公司做好一件小事，哪怕只是接待一位客人，流程严谨，礼貌周到，也会被看成工作能力强的表现，下一个机会也就随之来了。

所以，**未来是什么？未来只是我们现在做的事情中某个因素的展开。**

未完成的人

翻我自己的读书笔记，翻完之后，眼睛一闭，脑子里蹦出来的第一个词是"未完成的人"。这是我看问题的一个很大的视角转换。

过去，我会把所有努力都看成自己变强大的过程——我这个人就这样了，所以我需要更多的武器让自己变得更厉害。

但是，如果从"未完成的人"这个角度来看，应该是，我要成为的那个人，我还远远没有达到，那个人有更多的智慧，有更好的感受力，有更多处理问题的工具，所以我现在的努力不过是要更接近那个目标。

这样看问题的好处是，你不会贸然说什么有用，什么没用。有用没用，那是相对于我当前的目标而言的。而**对于那个未完成的自己来说，我现在多读一首诗，多站在那里看一眼风景，多认识一个人听他讲自己的故事，都是我完整人格里不该缺少的一个片段。**

温和专制主义

我提过一个词，"温和专制主义"。

什么意思呢？简单来说，就是**我不强制你，但是我设定一个因素，利用你人性的缺点，让你主动去做我希望你做的事。**

这让我想起一种病，叫疥疮，这是一种传染性皮肤病。疥疮的病因是一种微生物疥虫。它进入人类皮肤之后，只做一件事，就是让人奇痒难忍。这是疥虫布下的陷阱，就等你的指甲帮它扩充地盘。可以说，这种病是由疥虫设计，你自己施工的——这就是疥虫的温和专制主义。

现代社会中，温和专制主义的东西越来越多，大到赌场，小到电子游戏。但是让人自我提升的东西，自古以来就那么几种。现在很多人在谈阶层固化，这可能也是原因之一。自我提升的人，还是会不断自我提升；自我沉迷的人，有的是东西让他继续沉迷。

文盲

有一位老板，几十年来，生意都做得很好，但他其实是个文盲。这好像不太符合我们讲的，做生意、创业，要不断地认知升级。那他为什么还能把生意做好呢？

事实上，他虽是文盲，可智力并不低，数学能力非常好。他做生意，对财务特别敏感。任何生意上的决策——你不用跟他讲道理，他反正也不太听得懂——他都能用投资回报率这一把尺子来衡量。划算就做，不划算就不做。除此之外，他做决策没有别的维度。

你可能看出来了。其实他的方法和巴菲特是类似的，就是**长期坚持用一种价值尺度来衡量自己的投资，尽量不受任何其他因素影响。对于有知识的人来说，这需要极高的认知水平才能做到。**而这位老板，文盲这个因素让他排除掉了那些干扰因素，他同样也做到了。

文质彬彬

我们都知道落后就会挨打。其实，这只是科技文明发展之后的现象。此前正好相反，都是先进才挨打。像古罗马和中国的宋朝，不都是死在落后文明的手里了吗？

不守规矩，甚至有点耍流氓的打法往往最容易赢。无论在历史上，还是在现实的商业中，这都是一个常见的现象。

有一个词，叫"文质彬彬"。现在我们都以为是形容一个人很文雅的意思，其实不然。文，就是文雅；质，是指一个人身上那种原始的野蛮特质。孔夫子说，**"文质彬彬，然后君子"，就是指一个人必须既有文明的一面，又有野蛮的一面，这样才能是个君子。**

所以，**向往文明，同时容忍并且能够适度地欣赏野蛮，才是一个社会或一个公司生机勃勃的状态。**

文字

偶然读到一本散文集，周晓枫的《有如候鸟》。这么多年，我是第一次被纯粹的文字力量震撼。这本书纯粹到什么地步呢？

比如，书中有一篇专门写老年痴呆症的文章。文章里没有故事、知识和道理。文字通常会给我们的东西，它都没有。它就是描述一个人因为患了老年痴呆症，逐渐人格解体的过程。看得我惊心动魄，甚至痛哭一场。

这本散文集看下来，我居然有一种被修复的感觉。被磨得非常粗糙的感受系统，突然被激活了。

很多人说，文字的时代要过去了，将来是视频的天下。看来不会。**文字的表意作用、抒情作用可能会被部分替代，但文字本身作为一种艺术创造工具，恐怕永远是独特的。**

问题陷阱

日本有一位著名的老演员，叫树木希林。在她去世之前的一次采访里，记者问她："您对现在的年轻人有什么忠告？"树木希林说："请不要问我这么难的问题。如果我是年轻人，老年人说什么我都不会听的。"

这个回答本身对不对，见仁见智。但它给我的触动是，我们得有勇气突破问题本身。**我们这些被考试训练出来的人，面对任何问题，最本能的反应都是，无论对不对，先答一个再说——多少得点分嘛。但问题在于，问题本身可能就是一个陷阱。**

比如企业家经常被记者追问："您对创业者有什么忠告吗？"企业家其实未必真的仔细想过这个问题。这时与其轻率作答，还不如像树木希林那样说："请不要问我这么难的问题。"

无关

李翔老师给我讲了一个媒体圈的段子。

一名年轻记者刚去《纽约时报》工作，在办公室里也不认识什么人，每天挺落寞。但是没几天，他发现报社一位特别大牌的记者很喜欢来找他聊天。他还挺高兴的，觉得自己被前辈赏识。直到有一天，主编把他叫到办公室："你不知道我们这里的规矩吗？那个大牌记者来找你的时候，不准跟他聊天！否则他的稿子永远都写不完！现在全办公室就只有你还胆敢跟他聊天！"

所有的内容团队，拖稿都是一个大难题。不过，我听到这个段子，最大的感触倒不是拖稿，而是**我们每个人都习惯于从自己的角度来理解别人对待我们的态度。**

其实这个世界还有另外一面，别人对待我们的态度，跟我们无关，我们只是他自己问题的一个解决方案。

无用之学

有一次我和一位学者聊天，他是那种特别谦虚的人，说观点之前，总是要说："我这说的都是无用之学，就是博大家一乐。"

那次我终于没忍住，说您以后再别说什么无用之学了。过去可能确实是这样，但是未来，虚头巴脑的知识的价值会越来越被重视。

就像有一个段子说的那样，同样面对美景，别人可以吟诵"大漠孤烟直，长河落日圆"，你只能说"真好看"；同样面对一道茶，别人能说出这个品种的源流和典故，你只能说"真好喝"。你花的旅行费用和买茶叶的钱是不是就贬值了？

未来的市场中，体验本身就是价值，而创造体验的，除了商家，就是你自己的知识。这就是知识价值的显性化。

误导

李翔老师提到巴菲特打的一个比方。

假设有两个受精卵，正在准备投胎为人，这时候，有一个神灵对他们说，有两个国家，你们都可以去，一个是美国，一个是孟加拉国，你选择哪儿？两个受精卵就问了，这两个国家有什么区别？神灵就说，美国要收所得税，孟加拉国不收。

你说两个受精卵会怎么选？要是我，大概率就会选孟加拉国，因为只有这一个决策信息。结果我们当然知道，即使是同样聪明的两个人，分别出生在这两个国家，后来生活质量的区别大概率也会很大。但是，在他们选择的那个关头，只得到了那个片段的信息，即使这个信息是真实的，也会强烈地引导他们做出错误的选择。

所以你看，误导我们的，不是虚假信息，而是那些我们以为很重要的片面的信息。

希望

吴军老师在给读者写的一封信中讲到一个有趣的逻辑。

亚马逊公司一直是美国资本市场的明星。虽然过去它不挣什么钱，但是业务一直迅猛发展，所以每次公布财务报告，股价都大涨。但是，2016 年第二季度却出现了一桩怪事。分析师认为亚马逊的利润应该是 9000 万美元，实际公布出来却是 8 亿多美元，大幅超过了预期。

那股价应该暴涨对不对？但实际上，股价反而跌了。为什么？因为资本市场的逻辑是，你之所以有这么多钱花不出去，是因为你已经找不到继续投资的方向了。你的发展接下来就会停滞，所以我们不看好你。

你看，这个例子告诉我们，**企业和人一样，都是靠希望活着的。没有未来，就没有现在。**

喜剧

为什么现在喜剧特别火？通常解释都是，现在人的压力太大了，看看喜剧，笑一笑，放松一下。这个道理，听着是对，但我们也可以反问一句，看悲剧就不放松了吗？你想，年轻人放松，往往是打几局激烈对抗的游戏，那可一点也不好笑，但是也很放松。

后来我看到另外一个解释，说现在的环境太嘈杂了，让人沉浸到另外一个场景变得非常困难，而正剧、悲剧都是需要人沉浸其中才能欣赏的。但喜剧不用，喜剧是天然不需要观众沉浸的剧种。

你想，**看一个胖子跌倒了，大家笑；看一个小人物被老板虐，大家笑。这是因为我们采取的是一种旁观而非沉浸的心态。**如果沉浸了、入戏了、有同理心了，别人跌倒或者被虐，我们是笑不出来的。

所以，**喜剧未必代表欢乐，喜剧代表的也许是旁观心态的盛行。**

下属

有一位很有水平的领导跟我讲，他的领导风格是从来不否定下属。

他说，**干成任何事，先决条件是团队里所有的人都有内在动力，想把事干成。**一个打工的人，职位又不高，挣钱也不多，是经不起你几次否定和打击的。

那他怎么做呢？如果和下属意见不一致，他就会假装听不懂，"你再说一遍""哦？你再仔细说说你的思路""你是不是这个意思"，然后把自己的想法说一遍。

你放心，甭管这两个意思差别有多大，下属马上就会把意思统一到领导的意思上来，而且对其中的差别浑然不觉；或者暗自庆幸，幸亏领导没听懂我的意思，然后就当真把领导的意思当成了自己的意思。

先发者

有一本书叫《消失的地域》，里面写了一个有趣的片段。

当年罗斯福和杜威竞选美国总统，那个时候效率最高的竞选工具是广播电台。两个人都买了全国的广播时段，发表竞选演说。罗斯福在哪里买15分钟，杜威的竞选团队就也在哪里买15分钟。跟在你后面，你前面说什么，我跟着就反驳，你还没有机会还嘴。多么巧妙的安排！

但是罗斯福的演讲通常到第14分钟就结束了。剩下的1分钟时间就沉默，什么声音都没有。听众一听，哦，没了，就调台了。然后杜威才开讲，面对已经跑光的听众开讲。

你看，这个故事告诉我们，很多人都以为，**跟着别人的步伐行动，就能掌握更大的主动权。而实际情况是，谁先行动，谁才有更大的战略空间。**先发者对付后来者的手段，比想象的要多得多。

相亲

我们总编室的宣明栋老师写了一篇文章，主题是"如何提高相亲的成功率"。

相亲成功需要很多条件，比如学历、收入、家境，等等。这些都可以通过发问得到答案。但是，**如果你还在意对方的人品、三观，靠问问题就不行了，语言是没法描述三观的。那靠什么？靠一起经历事件。**

请注意，什么叫"事件"？一起吃个饭叫事件吗？一起看个电影叫事件吗？不叫，因为这些不是能够呈现一个人社会性的过程。那什么是事件呢？比如，吃饭结账的时候发现老板算错了账，他怎么处理；看电影的时候，旁边一直有人大声说话，他怎么处理。这些才是事件。

你看，当我们面对一个处境，这个处境找我们要一个反应，这是事件。而每一个事件，看在旁观者的眼里，都在暴露我们的人品和三观。

想法

据说很多作家都有这样的经历。有人找到他，跟他说："我有一个非常棒的创意，我现在告诉你，你能把它写成小说吗？如果有收益的话，咱们五五分成。"

这些人觉得这个要求很合理，创意是我的，这很艰难，而你这个作家只不过是出点劳动力把它写成小说而已，这很简单。

这件事我们当然知道很荒诞——写成一篇小说，肯定不只是靠一个创意那么简单。但是，在现实中，这样想的人很多。比如有的创业者就坚信自己的某个主意非常值钱，只需要找一个写代码的把它实现就好。再比如，有的领导觉得自己苦口婆心讲的战略方针很重要，手下的人怎么就是不会干呢？再比如，有人掏心掏肺地给别人提建议，觉得自己想得很明白，对方怎么就是不按正确的方式做呢？

其实，**想法不值钱，真正的难题只在于怎么实现。**

消费

英国才子阿兰·德波顿在《身份的焦虑》这本书里面写了一段话:"要想停止注意某件事物,最快的方法就是将它购买到手——就如同要想停止欣赏某个人,最快的方法可能就是与其结婚。"

后半句话,当然有玩笑的成分。但是前半句,还是透露了一个真相:一样东西的绝大部分价值,在我们决定买它、下单支付、收货完成的那一刻,就已经消失了。

就像许知远说的,我们现在这个社会其实不是物质匮乏,而是意义匮乏。**绝大部分消费,其实是意义消费和身份消费。**很多人买书不看,其实也是这个原因。比如关注到一本书,好喜欢这个书名,于是买了;拿到了,占有这个书名的意义感就满足了,对这本书的关注也就结束了。

占有本身,就是意义的实现,这可能是消费时代的最大秘密。

消费主义

在微博上看到有位老师提了一个问题:"请问,抵御消费主义的最佳手段是什么?"

他的答案是两个字:创作。听起来很突兀的一个答案,但是很有道理。先搞清楚,**什么是消费主义?不是好吃懒做、奢侈浪费,而是用消费来解决意义缺失的问题**。比如,我买了一个苹果手机或者一个什么包包就证明我怎样怎样。这哪里是买东西啊?这是买一个意义。反过来也就证明,我没有能力自己去创造意义,我需要买一个现成的。这才叫消费主义。

那该怎么办呢?创作解决的就是这个问题。有一张白纸,我就能画一幅画;有一些小花小草,我就能拍一幅摄影作品。这是在点石成金,是在一片意义的空白中,横空创造出了意义。这样的人,怎么可能被消费主义绑架?

所以才说,**抵御消费主义的最佳手段,不是节省,而是创作。**

消投者

有这么一句话:"我们有幸生活在一个消费和投资可以随时转换的时代。"什么意思?就是说同样一个行为,看起来是消费,但是干好了就是投资。

举个例子。你玩游戏,这是消费。但是你认真玩,最后玩成了专业选手,那玩游戏对你来说就是投资。你买化妆品,这是消费。但是你一边买,一边用,还一边研究,一边表达,最后成了美妆博主,那买化妆品对你来说就是投资。

未来学家阿尔文·托夫勒说过,生产和消费的边界模糊了。他还顺手创造了一个新词,叫prosumer(产销者)。今天我们也可照猫画虎创造一个词,叫"消投者"。

过去的人群划分,是不同的人做不同的事。从"消投者"这个角度看,未来的人群划分,是不同的人完全可以做相同的事,只不过背后的算法完全不同而已。同一件事,有的人把它做成了消费,有的人把它做成了投资。

小步快跑

关于互联网软件产品，过去的观念是，一款软件要设计得尽善尽美才能投放市场，比如微软的Windows。

可是后来大家发现，没这个必要，于是腾讯提出"小步快跑，快速迭代"的做法。尽快上线，不要怕有缺陷，在和用户的互动中快速改进。

我又听到一位创业者在讲课时说，其实还有一种更快的做法，就是有一个初步的想法，立即让设计师做一张图出来。它根本还不是一个软件，只是一张图，上面的功能都是画上去的。然后发到自己的朋友圈，如果在熟人圈里有不错的反响，那再进一步去做。

你看，**互联网大大提升了社会的反馈速度。好处是，不需要做那种完整规划了，有一个大致的方向，就可以从最实际的地方做起**。行动的重要性将会渐渐地超过计划的重要性。

小人

有一句话说，**人生需要遇见四种人，分别是名师（指路）、贵人（相助）、亲人（支持）。还有第四种呢？是小人（刺激）。**这不符合我们传统的价值观啊。

按说，你遇到小人捣鬼，要么是快意恩仇报复回去；要么就云淡风轻，他强由他强，清风拂山冈，他横由他横，明月照大江。

但是大部分人，其实既没有能力及时报复小人，也没有胸怀真的把这件事放下。**而如果机缘好的话，这份小人给的刺激，反而是前进的动力。**

就像一位创业者跟我说的，创业的动机哪有那么单纯？理想当然是有的，但是绝大部分创业者除了理想之外，还有三样东西：第一，挣钱的欲望，就是说单纯的物质占有欲；第二，出人头地的欲望，这里面有很多虚荣心的成分；第三，干得好气死那帮小人的欲望。你看，这就是小人刺激的功劳了。

小说

读好的小说有什么作用？一般的说法是提供娱乐，好像小说是从外往里，提供了什么新鲜的体验给你。但是作家普鲁斯特说，**每个读者能够读到的，其实只是已经存在于他内心的东西。**

确实，如果是你内心没有的东西，即使读到了，你也没什么感觉。那小说的作用体现在哪儿？有两点。**第一，它就像是一种光学仪器，帮助读者发现那些自己发现不了的东西。**通过你痴迷的小说，你可以更深入地了解自己，比如恨什么、爱什么……

第二，有些感受，我们自己心里早就有，但是模模糊糊，一直不能精确地表达出来。好的小说和随笔作品，甚至比我们自己还要了解自己，能做出精准和有创造力的表达。

这是我所听过的，对于为什么要读小说最好的解释。

小说家

作家米兰·昆德拉写过一段话：

"读者经常问我，您究竟在想什么？您要说什么？您的世界观是什么？这些问题对于一个小说家来说是很尴尬的。小说家的智慧不在于像科学家那样给出确定性，恰恰相反，小说家要把确定性还原为不确定。他们满脑子想的，就是要把一切肯定变换成疑问。小说家应该描绘世界的本来面目，即谜和悖论。"

这段话提醒得真好。我们中国人一向有所谓"文以载道"的传统：一切文字，都得表达一个道理才行。比如我们小时候，读任何一篇文章都得分析出一段中心思想，要不然就算没读懂。

但是，**世界上真的有一种类型的文字和作品，不是指向结论的，而是指向这个世界的本来面目的。看完之后，我们不会信心满满，而会若有所思；不会豁然开朗，而会一声长叹。**

笑话

我们都有过这样的经历，**听到一个笑话，觉得很好笑，但是下次跟别人讲的时候，往往效果不咋地。**

这是怎么回事？答案是，这个笑话还不是你的。

科技作家涂子沛老师的一篇文章里有一段话说得好，要想让一个笑话变成自己的，要分三步走。第一，你得记下来。第二，你得能复习。要能回想起自己第一次听到时的那种感受。第三，你还得把它讲给别人听，感受听的人的不同反应，然后优化它。这三步都走完了，才能说这个笑话是你的了。

其实，不仅是讲笑话，所有的学习也都要走这三步。第一，经营这个知识本身，记录它或者记住它。第二，经营知识和自己的关系，想清楚它为什么打动我，对我有什么用。第三，经营知识、他人和我的三角关系，我能用这个知识为他人做什么。这三步都走了，才能说这个知识是我的了。

协作

送孩子上幼儿园，看见教室门口有家长给老师留的字条，上面写着几个字：让孩子多喝水、多吃菜。这父母的心情，咱都能理解。不过，我觉得这个字条还是写得不好。

第一，多是多少? 没有一个明确的标准。事实上，老师也无法执行。陌生人之间的合作，边界不清楚的嘱咐是完全没有效果的。第二，不仅没有效果，而且传达了对老师的不信任。多这么一句，客观效果上就会让老师有受挫感。别觉得我言过其实，如果你会开车，旁边总是坐一个人提醒你注意安全，虽然是好意，你也会抓狂的。

所以，这张纸条如果要写，要么就写得边界清楚，比如，"我给孩子带去的瓶子里准备了适量的水，请老师督促他喝光。谢谢!"；要么就只写五个字，"老师辛苦了"。

和陌生人协作，要点就这么两个：边界清晰，足够信任。

写作

作家和菜头写过一篇文章，叫《开始写作吧》。

我刚开始觉得，这不是扯吗? 劝人写作，这件事太难了。即使汉语是母语，即使受过高等教育，真能把文章写明白的人其实也不多。

但是，我觉得文章中有一句话很有道理。和菜头说，写作让你"用最小的代价，体验了一件事是如何完成的。文章好坏根本不重要，重要的是你完整地经历了一次创造，而且是在沉重的心理压力和干扰下完成了这次创造"。

这让我联想起著名的泰勒斯三问。有学生问古希腊哲学家泰勒斯，**人生最难的事是什么? 答案是了解自己。最简单的事是什么? 答案是给别人意见。最快乐的事又是什么? 答案是拥有自己的目标，并将它完成。而和菜头说的写作，就是这最快乐的事。**

写作的基本原则

王烁老师有一篇文章是专门讲怎么写作的。其中引述了史蒂芬·平克的一句话，所谓写作，就是要"将网状的思想，通过树状的句法，用线性的文字展开"。听到这句话的时候，我心中一震。

对啊，我们脑子里的想法，是千头万绪的，每一个念头的背后都有无数的条件，是一张网。但是要把它写出来，就必须把它固化成纸上的一条线。所以，写作的难度就相当于用一根线来画出一部电影。

明白了这一点，就知道了写作的基本原则。追求什么文采和技巧，用生僻的、含义不清的词语，从读者的角度看，都是增大理解成本的糟糕的写作。**好的写作只有一种，就是简洁、直白，能够准确传达作者所想。**

这跟所有好产品的本质相通，重要的不是表现它的创造者，而是尊重它的使用者。

写作焦虑

写作是件挺让人焦虑的事，**我们都特别想写好，但就是下不去手写第一行字。怎么办？**

其实，所有的焦虑都是因为我们活在一个想象的目标里，而不是活在当下。所以，解决的办法就是把那个想象的目标拆成一个个当下可执行的台阶或者步骤。比如，五天后要交一篇五千字的文章。那我一天写一千字行不行？不好意思，那不是一个好台阶，因为第一天的一千字就不好写。

有效的办法是，先写一篇叫"烂稿子"的东西，就是有想法就往上堆，也不讲究措辞，反正也不让人看。虽然词不达意，但毕竟可以下笔千言。等"烂稿子"写完了，这一级台阶踏上了，你会发现，把它改成一篇能用的稿子就简单多了。

你看，**焦虑的本质是因为缺乏可控制的当下行动，一旦行动开始，逃避模式就转化成了战斗模式，焦虑自然也就没有了。**

心法

我经常提到一个词，叫"心法"。我本来的意思，是指那些必须心领神会才能掌握的方法。后来我看到一个进一步的解释，说"心法"是和"算法"相对立的。

所谓算法，就是用理性实现对外操控，输入信息，输出结果，追求的是达成目标的效率。而**"心法"要求的是对内自我反省，以促进自己成长，然后通过成长之后的自己来达成目标。**它追求的是自我改变。

举个例子。市面上有很多教你怎么追女孩的书，有的就是算法派，教你一大堆话术技巧，看似很实用，但是说实话，人家姑娘是一个大活人，眼里看到的也是你这个大活人，就算你最后成功了，真正起作用的怎么会是一两句话呢？一定是那个整体的、散发魅力的你。

未来的世界可能就这样一分为二了。算法，属于机器，而心法，才属于人类。

心理医生

领教工坊联合创始人肖知兴老师跟我说，他一直很奇怪，为什么美国人在俚语中把心理医生称为 shrink。

shrink，这个单词的本意是"收缩"。奇怪，治心理疾病和收缩挨得上吗？

有一次，他遇到一位美国的精神病医生，就把这个问题提出来了。医生是这么回答的，**其实所有的精神疾患都是因为自我太大了，**以至于和本我、超我有点不协调。自我、本我和超我，是弗洛伊德提出的心理学理论。

什么叫自我太大？简单来说，就是太自负、太自卑或者太在意自己。而医生的职责就是帮你把自我缩小一下。所以，美国人就把心理医生称为 shrink 了。

心灵事件

很多人说，诗，就是抒发情感。其实不完全如此。

诗歌创作的难点在于，咱得有本事把虚无缥缈的感受和情感固化成语言的具体形式，然后还能在读者的心里再次还原成感受和情感。

所以，诗人里尔克有一句话："诗并不像一般人所说的是情感（情感人们早就很够了），——诗是经验。"还有另一位诗人艾略特也说："诗不是放纵情感，而是逃避情感；不是表现个性，而是逃避个性。"

我在《阅读的方法》这本书里提出一个词，叫"心灵事件"，也是这个意思。**外在的事物触发了心灵的感受，这不稀奇。但是如果它被作者写了下来，而读者读了，还能再现这个感受，这就是心灵事件。**一本书里如果包含这样的段落，大概率就是好书。

心流

我们经常听到一句话，就是"过程比结果重要"。

那什么时候容易听到这句话呢？结果不尽如人意的时候，或者对结果没什么把握的时候。所以，这通常是一句安慰人的话。

但是，我又听到了一个新的理解：**如果你处于"心流"状态，也就是全身心投入地去创造，感知系统和外界隔绝，忘却了时间的流逝，那么过程确实就比结果重要。因为这已经是人类迄今为止能够找到的最幸福的状态了。**更进一步地想，不是结果不重要，而是因为有了这个情绪饱满的过程，你的精神本来就已经达到了一种什么结果都能坦然接受的状态。

所以，如果我们觉得"结果比过程重要"这句话有点扯淡，其实反过来证明了我们可能还没有全身心地投入。

新东西

所有的策略调整，都应该以事情原本应该有的样子为基准线。

有朋友问，什么叫原本应该有的样子？难道什么事都有应该有的样子吗？谁规定的应该？

答案是，凡事都有，它们应该有的样子叫传统。

我们生活的这个时代，经常给我们一个假象，就是世界是全新的。其实，这不是真相。**真相是，这个世界的绝大部分都是早就定下来的。**宇宙常数、日升月落、文化惯性、社会网络、生活节序、人类需求，这些东西都是早就定下来的。**一个新东西出现，表面上看是横空出世，但如果细究下去，它一定是某个老东西在新的技术条件下的展现。它的底层逻辑一定不是新的。**

所以，如果你感觉自己做了一件新事情，先别高兴，你还要再追问一件事，就是它的传统到底对接到了哪里。这个问题有了答案，你才有把握，这是一个真正的新东西。

新技术

诺贝尔经济学奖得主赫伯特·西蒙说，我们看待技术，其实有两种方式。

第一种方式是：这个新技术牛，它能帮我们做什么？我们一般人都是这么思考技术的。但是，还有第二种方式：**这个新技术可以帮助人做这些事，那我们这些大活人能做点什么更多的事，让这个技术对人的作用发挥得更好呢？**

举个例子，你就明白这个区别了。比如说，人工智能辅助教学，一般人想到的都是：人工智能了不起，可以监控学生是不是走神了，可以千人千面地给学习者推送习题了。这是在想技术能帮我们做什么。但还有一种思考方式是：纯粹灌输知识的事，人工智能已经做得很好了，那节省下来的课堂教学时间，我们这些当老师的，可以为学生多做点什么事呢？

真正能把握住一种新技术带来的新机会的，往往是后一种人。

新目标

说说在家带孩子的发现。

当孩子沉迷在一样东西里面的时候，你要是想把她拔出来，太难了。比如她在玩她的小兔兔，你要是提醒她该出门了，现在去换衣服，她根本就不理你。如果上去强行打断，马上就是一场哭闹。

那最有效的方式是什么呢？是给她一个新目标。比如跟她说，我们要出门了，你把小兔兔放到门口的板凳上，哄它睡觉，让她乖乖的，在门口等你回来，好不好？孩子一听有新的玩法，马上照办。而且在这个过程中，也把马上就要出门这个新目标植入了。等于提前做好了出门的心理建设，后面的事就没那么难了。

其实对成人不也一样吗？**强行纠正一个行为，永远都不如顺着这个行为的方向，给他植入一个新目标**。你看，孩子并不是不成熟的成人，他们只是成年人本来的样子。

新闻

我们每天都看新闻，从一件小事感受整个世界。

但是，阿兰·德波顿有一个嘲讽的说法。他说，我们通过看新闻，任由全人类的咆哮把自己淹没。这和我们把一枚海螺贴在耳边，感觉听到了大海的声音，有什么区别？我们为什么要看新闻？其实是想借那些更沉重的事，把自己从日常琐事中抽离出来，忘掉自身的忧虑和疑惑。哪里又闹蝗灾了，谁又说什么话了，这样的外界骚动也许正是我们所需要的，好以此换取内心的平静。

德波顿的说法，未免刻薄了一点。不过，他的提醒还是有价值的。**当代人也许都应该修炼一个本事，就是同时做到两件事：一只眼睛看到全人类，一只眼睛盯住自己的独特命运。**

信任

有个年轻人跟我抱怨说，他曾在团队里犯了一个错，他道歉了，也当众反省了，毛病也改了，其他人也表示原谅了，但他就是感觉大家还在排斥他。所以他就感慨，这个时代的人怎么这么不宽容?

我说，可能是你自己没有搞清楚状况。我们这代人受的教育是，错了不要紧，改了就是好同志。没错，在是非对错这个维度上，世界确实变得越来越宽容，大家不会揪住你的小辫子不放。

但是，你别忘了，这个世界还有另一个维度，叫信任。信任跟对错没什么关系。它存在于每个人的心里，无法衡量，难以描述。你犯了一次错，可能很容易获得大家的原谅。但如果你在犯错的过程中还伤害了大家对你的信任，想要再次获得信任则比登天还难。

在理念世界里，对错似乎很重要。但在现实世界里，信任比对错重要多了。

信商

有一个词，叫**"信商"，说的是一个人辨别信息来源真实性的能力。**在这个时代，信商可能比智商更重要。因为智商不够，可以通过找靠谱的人合作来弥补，而信商不够，连谁靠谱都不知道。

想要信商高，我觉得做到三条也就够了。

第一，相信权威大机构。一说到权威，很多人本能地反感。但我的常识还是告诉我，一件传得很热闹的事，如果主流权威媒体始终没有报道，那它大概率是假的。

第二，不要相信令人震惊的事实。一般咱们震惊的事，就是反常识的事。这个世界上反常识的事情没有那么多。等一会儿，没准反转就来了。

第三，当消息来源紊乱的时候，更倾向于相信说得不精彩、不亢奋的那一方。情绪亢奋，容易讲好一个故事。但一个好故事，总是会扭曲一部分事实。

信息

梁宁老师有一个洞察：**在一个组织里，一个人有没有权力，关键不是看他的职位，而是看他在信息流里面的位置。**

比如一位企业家，创业二十多年，在五十五岁就选择了退休。为什么？原来，这位企业家为了保持企业的活力，在退休前两年，让自己这一辈的老兄弟都退了，换上了一批二十多岁的年轻人。

逻辑上，他当然还有权力。但是这个时候，公司主力干部是一批二十多岁的年轻人，他们跟五十五岁的董事长沟通，是有困难的。遇到事情，他们更愿意和同龄的同事商量，觉得靠谱才会去和老板说。这个时候，老板听到的信息，其实已经是所有人串通后的共识了。本质上，老板只是被通知发生了什么。所以，不管他退不退，都已经在实质上丧失了权力。

你看，**失去权力是从失去信息开始的。**

信息茧房

美国学者凯斯·桑斯坦在《网络共和国》这本书里提出了一个词，"信息茧房"。

它的意思是，**在互联网时代，每个人都可以根据自己的喜好定制信息，看自己爱看的东西。结果时间一长，每个人就像蚕吐丝一样，都把自己禁锢在了一个自己造就的牢房里。**

这个前景看起来很可怕，但是我要说，这并不是互联网时代的独有现象。古代的君王和当代的企业家也一样，拥有权力的时间一长，你会发现你只能听到你爱听的话了，权力变身为牢房。所以中国古代的皇帝才要发明御史台系统，清代皇帝还进一步发明了密折系统，用来打破这个危险的牢房。

所以，在未来的互联网时代，打破自己信息茧房的能力，将成为一个人竞争力的来源之一。

信息流

凯文·凯利有一个观点，未来社会将进入一个"流"的状态。此话怎讲？

举个例子。前不久我手机出了点问题，重装了一下微信。刚开始觉得很痛心，因为很多信息没有保存下来。可是后来静下心想想，好像又没有什么真正的损失。那些想要的信息，肯定还找得到。那些只是存在那儿的信息，其实也不会再去看。

这说明什么？说明**我们现在越来越像是河流中的一块礁石，信息的洪流从我们身边呼啸而过。**

过去的学习是先占有信息，然后再去反复学习。而未来的学习是和信息流共舞，你得像是一个暗器高手，能随时随地避让那些该避让的，抓住那些该抓住的。一旦此时抓不住，以后也就没机会抓了，或者抓了也没用了。这对未来的学习方式是一个巨大挑战。

信息文明

2001年的"9·11"事件中，大约有2500人死在了被飞机撞塌的世贸中心大楼里。遇难者家庭得到了各种机构和慈善团体的捐赠。

但人们没有想到的是，"9·11"还导致了另外一拨受害者，那就是因为害怕坐飞机转而开车的人。可开车遭遇车祸的概率比坐飞机遇难的概率高多了。"9·11"发生后的三个月里，在美国公路上新增的丧命者将近1000人。可以说，他们也是"9·11"事件的间接受害者，但是这些家庭没有得到捐助。

这是纳西姆·塔勒布在《黑天鹅》这本书里举的一个例子。它指出了当代信息社会的一个困境。

当我们根据信息来决定我们投入资源的方向时，会造就新的不公平。谁构建了信息上的吸引力，谁就拥有财富。而不会吸引注意力的人，就会是这个新文明里的新穷人。

信息优势

我们经常说"**信息就是权力**"。但很多人觉得这话挺怪的，有信息的人，比如说一位记者，他能有什么权力呢? 这个问题要钻到权力系统的内部才看得懂。

举个例子。你现在是一位大老板，你有组织内的一切人权和财权，想提拔谁就提拔谁，想花什么钱就花什么钱。但问题是，你凭什么要提拔这个人，而不是另一个人呢? 凭什么要花这笔钱，而不是那笔钱呢? 这就需要信息了。要知道，权力可不只是予取予求，权力是要对结果负责的。

再举一个例子。老板给你布置一个活儿，而你掌握全部信息，所以你想干的事，你就会痛痛快快地去干; 而你不想干的事，你要么反复强调困难，要么频繁地请示，那领导自然也就干不成。你说，实际的权力是掌握在你手里，还是掌握在你的老板手里呢?

所以说，**很多情况下，实际的权力都来自信息优势。**

兴奋

一位专家讲课，提到当年他从一家著名外企来到一家创业公司。他形容那个感觉就相当于20世纪30年代从上海来到延安——各方面条件都差了很多，但人的状态变得很兴奋。随后他说了一句话："人不怕累，怕的是不兴奋。"这句话给了我很大启发。

上一代中国人和这一代中国人对人生的认识，可能最大的区别就在这里。**在匮乏时代，人生目标被锁定在最大限度地获取资源，最小限度地支出资源上。**所以，事少钱多离家近，不累而且收入高，就变成了衡量工作优劣的标准。

但是**在今天的丰裕时代呢？人生目标其实是悄悄切换了的，变成了要能激发我的生命能量，让我兴奋起来。**

所以，衡量自己是不是老了，也可以扪心自问这个问题：现在的我，最害怕的是吃亏上当，还是不再兴奋了呢？

行动

我问李笑来："很多人说碎片化知识没用，灌一脑子知识，结果还是不能成功，你会怎么回应这种质疑？"

李笑来说："我当年在新东方讲课的时候，经常会有学生问我怎么背单词。怎么背？就是背啊，一个词一个词地背，反复多背几遍就会了。难道非要找人骗你，得用词根联想记忆法？那些方法只有在你开始背之后才能起作用。"

知识从来就没有任何方法能够传递给你，除非你拥有自己的目标，然后开始行动。哪怕这个目标很普通，比如考上大学。行动一旦开始，碎片化的知识就会迅速被你组织起来，使用、试错、迭代、内化，穿过你的身体，最后成为你的一部分。

这个世界说到底是自己成全自己。

行动基础

我有一个很深的体会，**支持你做出一个行动的，并不一定是你想明白了一个道理，而是此前的另外一些行动。**

比如，很多时候，我想要做一件事，但就是觉得哪儿不对，想不清楚怎么做，没法下手。但是过了一年半载，做这件事的路径突然就清晰了，怎么做的细节都呈现在面前了。

这是为什么？不是因为你的水平提高了，而是因为在这一年半载中，你做了很多与此无关的事，这些事都成了你做下一件事的基础。**行动才是下一步行动的台阶，每登一步，看见的风景都不一样。**

就像有人说的，当面对两个选择时，抛硬币总能奏效。这并不是说抛硬币能给出对的答案，而是当你把它抛在空中的那一秒，你突然就会知道你希望自己的选择是什么。你看，包括抛硬币在内，所有的行动都是有效的。

兴趣电商

梁宁老师问过我一个问题："罗胖，你说为什么卖服装的电商网站不开发一个功能，用人工智能的技术，让用户看见自己穿上某件衣服的样子呢？"

对啊，为什么？这不是更能让消费者判断出这件衣服适不适合自己吗？

梁宁老师说，因为卖衣服卖的是vision，也就是想象。让你看到好看的模特穿上衣服的样子，能激发你更好的想象。而你自己穿上衣服呢？这叫现实。你自己未必喜欢这个现实。所以说，**想象逼出消费，而现实逼退用户。**

上一代电商，是搜索电商，消费者好歹还是根据自己的需求在搜索商品。而这一代电商，是兴趣电商，也就是说，消费者是否购买，只取决于他是不是被唤醒了拥有这个商品之后的想象。

幸福

有这么一个和汉字相关的冷知识：幸福的"幸"，最早的字形其实是一副手铐。这和幸福的意思差得也太远了。它是怎么演化过来的呢？

你想，在古代，什么好消息能让人感觉特别"幸运"呢？就是犯了罪被赦免——本来戴着手铐，然后手铐被解开了。所以幸福的"幸"，本来的意思就是免去灾祸。"幸免""侥幸"这些词都是这样衍生而来的。所以我们现在祝人幸福，其实不是祝他飞黄腾达，而是祝他无灾无难。

有人可能会问，古人的说法，跟我们现在怎么理解幸福这个词，有什么关系吗？当然有关系。人类对一个现象的理解，是通过历史不断的积累和语言传递才逐渐形成的。

看见"幸福"这个词，就等于看到古人给我们这代人写的一封信。它告诉我们，**人生最难得的好事，不是实现什么非分的愿望，而是拥有神灵保佑的福，和无灾无难的幸。**

幸福和快乐

在汉语中，快乐和幸福这两个词的意思差不多，但是读起来好像又有很大差别，总觉得幸福比快乐要高级一点。这个差别究竟是什么？

王川老师有一个解释，**快乐和幸福的区别在于，事情结束之后，能量和信息的效率有没有提高。**

你想，快乐是指吃喝玩乐这些感官享受。享受完了就完了，快乐就结束了，人并没有实质性的进步，需要靠下一次吃喝玩乐才能再次获得快乐。

而幸福就不一样了，幸福来自一种能力提高的感受。比如说，找到了伴侣很幸福，这其实是一种能力的提高，你融入了一个共同体。再比如，经过艰苦努力考上了好大学，很幸福，这是资源获取能力的提高。

所以，**快乐是一种成功获取了外部资源的感受；而幸福，是一种成功提升了内部能力的感受。**从这个角度来说，幸福当然就要比快乐高级。

休息

吴军老师对"休息"这个词有一个定义。他说:**"休息的本质,就是从外界获得信息和能量。"**说得真好。

为什么需要休息? 因为你感觉能量耗竭了。对体力劳动者来说, 那当然就要停止能量的输出, 歇下来, 然后对能量进行补充。比如, 吃饭就是一种休息。但是, 脑力劳动者如果还照搬这个休息方法, 就有问题了。脑力耗竭, 本质上是缺信息。

根据热力学的原理, 只要是一个封闭系统, 只要不从外界获得能量和信息, 它就会熵增, 会变得越来越无序。那怎么办? 要输入新的信息。所以, **脑力劳动者需要的休息, 恰恰不是什么都不干, 而是换一种信息输入的方式, 听音乐, 看画册, 旅行, 找圈子之外的人聊天, 读点和手头的事没关系的书, 等等。**

只要能换个方式体验世界, 就是脑力劳动者最好的休息。

休息方式

美国一家银行曾经研究过怎么改进一个客服中心的效率。最后得出的结论中有一条，是改变工间休息的方式。

客服中心嘛，工作就是接电话，大家分成很多组，每组20个人。原来工间休息的方式，是让每个小组里的每个人轮流休息。而改变之后呢，则是以整个小组为单位轮流休息。

这有什么好处呢？如果单个人去休息，就是喝水、发呆、上厕所。如果全组一起，没准还能讨论一下工作。仅仅这么一个简单的改变，据说每年产生了1500万美元的效益。

你看，这就是两个时代管理方法之间的区别。**原来，活儿比人重要，所以要单人轮流休息。而现在这个时代，效率的提升主要来源于人，以及人和人的关系，所以要尽可能促进人和人的交流，全组轮流休息。**时代变了，一切规则都要变了。

修养

学者鲍鹏山老师有一段话：说到一个人的修养，总是说修养到最后是心平气和。但这不是唯一的境界，也不是最高的境界。对于个人的得失，能做到心平气和，当然好。但是如果对外界的事呢？看见什么都心平气和，那不叫修养境界，那叫麻木，甚至是道德麻木。

确实，如果修养是这样的，人就彻底丧失行动能力了。我发微信请教鲍老师："那你说，人最高的修养境界是什么？"鲍老师给我发来孔子在《论语》里的一句话："志于道，据于德，依于仁，游于艺。"

什么意思呢？志于道，就是生命有目标；据于德，就是做事有依据，有底线，有操守；依于仁，就是能理顺待人的态度；游于艺，就是能靠艺术以及各种精神生活追求内心的丰盈。

有目标，会做事，善待人，有趣味，这才是一个人最高的修养境界。

选锋

华杉老师提到一个话题，叫"选锋"。

什么意思呢？就是**打仗的时候要把最精锐的士兵选出来，放到一起，成为像刀锋一样的力量。**

不管古今中外，这都是战场上的惯常做法。道理很简单，最精锐的士兵放在一起，才能让他们感受到荣誉，才能激发他们的战斗力。如果把他们分散在比较弱的队伍里，旁边的人就想了，反正天塌下来有大个子顶着，我不用怎么出力。不仅精锐士兵的荣誉感下降，还会拉低其他士兵的战斗力。

其实职场里也一样。我就见过很多老板，喜欢把能干的人分散使用。表面上，似乎各个业务条线的力量比较均匀，但是实际上会削弱公司整体的实力。**让能干的人在一起彼此激发，让稍弱的人无从依靠，也有机会变成能干的人，这才是用人之道。**

选择

我听商业研究者张潇雨老师说到一个做事的方法。

他说，如果你面对两个选项，没有一个选项能明显好过另外一个，那该怎么选呢? 答案是，随便选一个，然后把它变成一个好选择。

这句话听着非常醒目提神。为什么? 你想，我们习惯的思维，是通过做选择来过好这一生的。但是回头一看，你会发现，其实我们做出什么选择，往往没有我们想象中的那么重要。因为通常我们面临的都是以下两种情况: 第一种，是看似有得选，其实没得选。比如，看似好学校就在那里，但是我考不上，所以它并不是我在当下真实存在的选项。而第二种，是看似很重要，其实纠结来纠结去，选哪个都差不多。

所以，**大多数时候，人最重要的不是做出什么具体的选择，而是努力把自己最终的选择变成一个好选择。**

选择成本

远在加拿大的老喻有一天发朋友圈感慨说，Costco 这家零售公司真是太厉害了。温哥华人家里常用的东西几乎都被这家店包了。紧接着他又说，Costco 更厉害的地方是，假如它的店里没有你想买的某样东西，说明你也许根本就不需要那样东西。后一句话特别有意思，我盯着它看了半天。

你想，过去二十年，我们亲眼见到互联网的快速发展，同时也看到了**互联网的一个缺陷，就是给了我们无穷多的选择。事实上，它的丰富，只是对匮乏时代的一种反弹。而人类真正需要的东西，实际上是很少的。**

互联网上半场的逻辑是，要尽可能的丰富。如果有下半场的话，我猜测逻辑就是要尽可能地让消费者减少选择的负担和成本。

所以，**未来真正的服务，不是把全部可能的选择摆在你面前，而是帮你节省选择的成本。**

选择困难症

有一次，一个同事跟我说，每天最为难的时刻，不是工作遇到难题，而是中午订外卖：那么多选择，无从下手。

我说，这不是你的决策力出了问题，而是因为你知道的好吃的东西太少了。

一头驴饿死在两堆草之间，不是因为犹豫，而是因为它只知道有这两堆草。还有一句"心灵硫酸"说得好，你纠结，是因为读书太少，而又想得太多。说到底是眼界出了问题。

治疗选择困难症，不是要减少选择，而是要扩展眼界，知道什么是真正美好的东西。

选择权

有选择权就意味着有主动权吗？未必。选择权是一个非常有欺骗性的东西。

比如，有一个很著名的电视节目叫《非诚勿扰》。女嘉宾站一排，男嘉宾就一个。站在男嘉宾的角度看，男嘉宾有选择权，那么多女性站在他面前可供选择。可是站在女嘉宾的角度，是女嘉宾才有选择权，她们可以随时选择牵手还是灭灯。那你说，到底谁才有选择权？

在职场上也一样。有经验的招聘经理都知道，看起来是自己在主动筛选简历，在面试求职者。但是，真正有竞争力的求职者也是在借这个机会看这家公司。所以，招聘经理这个岗位有一半的职能不是挑选对方，而是展现自己。

在算法时代，选择权就更不代表主动权了。我们的每一个选择都是在实现自己的偏好，与此同时，也都是在暴露自己的偏好。

选专业

听潘石屹讲到一个观点。有人问他，上大学应该选什么专业？

他没正面回答，而是说："如果你遇到一个人，看不出他从哪里来的，交往一段时间后，也看不出他是学什么专业的，这很可能是一个很厉害的人。"

还真是，所谓专业，只是一个人在特定阶段的执念。只要你开始解决具体问题，需要的工具就不是一个专业能满足的了，你要调动很多其他专业的工具。解决的问题越多，你跨过专业边界的次数就越多。久而久之，当然就看不出你是学什么专业的了。

这么说来，**上大学该怎么选专业？其实选什么专业都行，关键在于，心里得明白，选专业，不是选未来的职业，而是选未来你跨越职业边界最好用的工具。**

薛定谔的猫

量子物理中有一个概念，叫"薛定谔的猫"。

大概意思是说，一个盒子里装着一只猫，你不打开盒子，不知道这只猫是活的还是死的。这只猫既是活的也是死的，是叠加的状态。这个有点难理解。

有一天，我看到一句话，解释得很妙。**什么叫叠加的状态？比如女朋友让男朋友滚，这个滚的状态就是叠加的。**它的意思既是让你滚，又是让你过来抱抱。但是女朋友在说出"滚"的时候，自己也不知道自己到底是什么意思。只有你真的滚了，或者过来抱抱了，这个意思才能明确。

其实，人际关系中经常出现这种情况。你不要静态地判断一个人对你是有好感还是有恶感，他的状态本质上是叠加的。付出努力跟他做沟通之后，你再下判断也不迟。

学无止境

有个词叫"学无止境"。它到底是什么意思？是说知识很多，学不完吗？确实如此，但还有一个维度，就是每一个知识的内在深度也是没有止境的。

学习知识，至少能分成四层：听过、知道、理解和能讲。听过，是知识从你的脑子中流淌过一遍。知道，是知识你已经记住，渗透进了你的脑子。理解，是这个知识已经和你脑子里的其他知识结成了一个网络，你可以随时调用。而最高境界是能讲，就是输出，你能把它讲给别人听，还能确保别人有收获，这个就太难了。

这四个层次之间的难度，何川打过一个比方，**听过，就像你见过一辆汽车；知道，就像你会开车；理解，就像你会修车；而能讲呢？就像你会造车。**几个境界之间的差距大得难以想象。

所以，把读书和听课当成学习的全部，也许是对学习这件事挺大的一个误解。

学习

领导力专家刘澜老师有一个"**四问学习法**"，简单来说就是，遇到任何新信息，不仅要把信息接住，还要在意识中问自己四个问题：

第一，我听到或者看到了什么? 这是在事实层面搞清楚自己脑子里留下的东西。

第二，这些东西和我熟悉的东西有什么关系? 这是更进一步，把新知识和自己的旧世界建立联系。

第三，我会变成什么? 学到这个知识之前的我，和学到这个知识之后的我有什么区别？

第四，我要用到哪里? 也就是我下一步的行动会是什么。

这个"四问学习法"看起来有点繁琐。我们怎么可能一边看书，一边不断在脑子里像跑马灯一样问这四个问题呢？但你发现没有，其实学习高手都是这么学习的。在他们那里，这四个问题都是一闪念，或者说都是本能。

有一句话说得好，**一个会学习的人最大的特点，就是关心自己，胜过关心自己学到的知识。**

寻常

学知识总是有趣的事。不过，在所有知识中，我觉得最有趣的事，是发现司空见惯的东西有一个我不知道的来历。

比方说，我们经常说"寻常"两个字，这两个字什么意思？原来，"寻"和"常"都是古人的长度单位，一寻是八尺，一常是两寻，也就是十六尺。"寻"和"常"一旦连用，就变成尺寸很小的意思。

你看，"飞入寻常百姓家"这句诗其实就可以有两种解释，一种是飞入面积很小的百姓家，另一种是飞入普通百姓家。但是普通百姓家可不就面积很小吗？用着用着，就变成一个意思了。"寻常"就变成了普通的意思。

知道这些知识其实用处不大，但是对我们的心灵和趣味意义重大。它意味着我们在有生之年，看这个世界又清晰了那么一点点。

训练

一项技能的顶级高手过的是什么生活？顶级运动员的生活你能想到，肯定是日复一日非常艰苦的训练。其实一流的服装模特也是这样。

在我们一般人的印象里，服装模特吃的苦，无非就是少吃饭，寒冬腊月在室外也要穿着很少的衣服受冻，等等。但是一位健身教练跟我讲，好的模特每天要进行至少四个小时的力量训练。嗒嗒嗒嗒走到台前，啪的一下能站住、站稳，这是需要很强的力量的。每一个姿态都能到位，也是需要很强的力量的。

所以有一个说法，**顶级高手的状态，其实就是"蓝领工人"的状态。**

什么意思呢？就是**不管喜欢不喜欢，每天都得起来照常上班。上班的内容，通常也都是非常枯燥的重复训练。正如艺术家克洛斯说的，我们专业艺术家不讲什么灵感，"灵感是留给业余爱好者的"。**

延长线

我经常引用曾鸣教授讲过的一个词——终局思维。

不过，在工作中和同事谈起终局思维时，我还会辅助用另外一个词——延长线，**就是做一件事，如果不能看到终局，能看到延长下去的趋势也行。**

比如，一项业务，做肯定有收益，但是延长下去想，你要是发现这个业务一旦做大，组织会变得极其复杂，复杂到控制不住的程度，那就不能做。再比如，你要不要留在一家公司工作，不能只看现在收益大不大，还要在延长线上看，在这里干下去，人生是走上坡路还是走下坡路。如果是走下坡路，那不如现在就离开。

所以你看，**每当决策两难的时候，加上一根辅助线，也就是延长线，来帮助思考，很多疑难就会迎刃而解。**

延伸

有一次，我接待一拨客人。谈事的时候，因为要思考，我这手就没闲着，拿着别人刚刚递过来的名片在手里把玩。

过了一会儿，其中一个和我很熟的朋友暗中给我发了一条微信，说："兄弟，求求你别再玩别人的名片了。每个人的名片，在他自己的心目中，都是他自己的延伸。你玩得爽，他们可难受死了。"

后来我观察了几次，如果有人玩我的名片，我确实也有相同的感受。说这个不是想说什么社交礼仪，只是想说这个**世界的本质就是人的延伸。**每个人在成长的过程中，都会把自我的人格延伸出去，比如我的家人、我的朋友、我的母校、我的祖国，甚至我的名片，谁要是对他们不好，我们感受到的都是对自己的侵犯。

所以，**尊重人也要尊重他延伸出去的东西。**

严厉

有位网友对美国明星施瓦辛格说，自己很久没去健身了，希望施瓦辛格骂自己一顿，让自己赶紧去健身房。

施瓦辛格是这么回复的："我不会对你那么严厉。请你也别对自己那么严格。我们都会经历各种挑战，都会遭遇失败。有时，人生就是一种健身运动。但关键问题是，你要起来，运动一点点就行。从床上爬起来，做几个俯卧撑或者出门散散步。只要动一动就行。循序渐进，一点点来。我希望你能感觉好起来，重返健身房。但别因此责怪自己，因为自责是毫无用处的。自责不会让你离健身房更近一步。而且，千万不要害怕向别人求助。祝你好运。"

这是我能想到的最好的回答。**不管是对他人还是对自己，严厉是没有用的。严厉是用高标准来要求。而我们真正缺的，不过是走出第一步。**

言必信，行必果

中国有一句著名的格言，"言必信，行必果"。这话是孔子说的，意思是，说话一定要守信，做事一定要有结果。可孔子后半句说的是什么呢？他说，"硁（kēng）硁然小人哉"，一个人如果言必信、行必果，这是浅薄固执的小人。颠覆吧？

过了一百多年，儒家又出来个孟子，又上来补了一刀。他说，"大人者，言不必信，行不必果，惟义所在"。就是说人格很伟大的人，不搞言必信、行必果这一套，只要说话做事符合道义就可以了。更颠覆了吧？

其实想想也好理解。**一个严肃生活、对自己负责的人，肯定是做不到言必信、行必果的。以前我这么想，也这么说，后来想法变了，难道还要固守在原来的说法里吗？不能随机应变吗？**

所以，人格上是大人还是小人，是自私还是利他，其实都是表象。核心的区别是，对自己负责还是对他人负责。

演讲

有人问我演讲的技巧。其实我的演讲技巧也一般，但是毕竟抛头露面这么多次，还是有一些心得。

很多人都以为，演讲技巧是加法，是一种由外而内、由少变多的技术。我的体会恰好相反。当众说话能力的提升本质上是一种减法。不是尽可能提升一个弱小的自己，让自己有更多的技能和更多的包装，而是**尽可能矮化一个原本已经很强大的自己，让自己剥除过多的技巧和过分的包装**。

为什么有人演讲会紧张，会显得假大空？因为我们从小就熟悉一些朗诵腔、播音腔，以及假装"高大上"的东西，并且不知不觉把这些东西内化成了自己的。

演讲能力的进步其实是一种内心的进步，是一点点逼近真实的自己和真实的想法的过程。

演讲稿

一篇好的演讲稿，最终出炉，至少要经过四大关。

第一关，是结构和材料，这个当然很重要，它决定了一场演讲的信息品质。

第二关，要细磨的是文字上的细节。因为一篇演讲稿，最终是要通过各种渠道来发布的。不能光说的时候痛快，也要经得起被印在纸上反复地看。

第三关，是当着人反复地说这篇稿子，因为纸上成立的东西，经过口头，再传达给听众，在听众的感受中，又是另一个东西了。写好的演讲稿被推翻重来，往往就在这个关口。

还有**第四关，就是检视每一个演讲片段被截屏出去会不会产生歧义。**这就更是一个细致的活儿了。

宴席

和上海丰收蟹庄的创始人傅骏老师聊天，他说到一个话题，怎么分辨一顿宴席是高级宴席还是普通宴席。其实，这和宴席的价格没有关系，和菜本身的烹饪水平也没什么关系。

傅老师说，有一个很简单的分辨标准，就是在吃菜的时候，你有没有动上个主食的念头："这道菜好啊，上碗米饭，拌饭吃多香！"这就是普通宴席。如果你自始至终没有下不下饭这个念头，你的注意力全部在菜品本身上，这就是高级宴席。

我觉得，这个标准很妙。**一个东西不再成为达成其他目的的手段，它本身就是目的，这才是上了档次。**

从这个角度来理解孔子的那句"君子不器"，就很有意思了。**一个君子，不能像一个器物那样，为任何特定目的而生，君子的人生目标就是成为一个更好的人。**

养老院

我们经常说，关系就是力量。这句话听起来很简单，大家很容易想到，无非就是说朋友多了好办事。但有一次我看到一个让人心惊肉跳的例子。

有人问，在养老院里，什么是弱，什么是强？你想，那可是养老院，在社会上多有地位多有钱，在那儿都没什么用。**养老院里，一个人的强弱，其实取决于一个非常隐秘的因素，就是我被欺负了，会不会有人来找欺负我的人算账。**

说白了就是，如果我有孩子，即使这个孩子一年才来看望我一次，但只要这个社会关系在，大家也都知道我有这个社会关系在，养老院里的人就不敢欺负我。反之，一个丧失了所有社会关系的老人，即使账户上还有很多钱，你想想看，他被欺负的可能性有多大？

这个例子，有助于我们更深刻地理解"关系就是力量"这句话。

养育

有一个朋友，工作特别忙，平时没空管孩子，挺内疚的。我就给她看了李希贵校长讲的一句话：**"孩子不会成为你希望的样子，而会成为你的样子。"**

养育孩子有两种方法。一种是吃穿住行学，各个方面都关照，当然与此同时也意味着各种限制。另外一种是提供资源和榜样，这个榜样就是我们父母自己。

二者背后是两种完全不同的养育逻辑。一种是按照现代社会的逻辑，把孩子看成一个即将投入竞争的投资品，对他当然就要投入时间和资源。还有一种，是按照人类古老的逻辑，把孩子看成生命的传承，看成另一个人，榜样的作用和人格的示范当然才是最有效的。

你相信哪种逻辑？

谣言

很多企业问我，面对谣言该怎么办？

过去传统的答案都是删帖或者辟谣。这种思维方式的本质是洗衣服——想尽办法把脏点洗掉，让它恢复原状。这在相对静止的传统社会是可行的。

不过，在互联网时代，时间奔流向前，谣言一旦产生，就已经是你的一部分了。公众既没有兴趣听你辟谣，也没有耐心重建对你的信任。怎么办？这个时候应该想的是，怎样利用这个谣言，踩在这个谣言的基础上，进一步表达自己。

谣言千不好万不好，有一样很好，就是给你带来了这个时代最为稀缺的东西——注意力。被人误解其实要远远好过被人忘却。

一无所获

我们经常听到一个说法，说要相信"复利"的力量。复利的力量惊人，这当然没有错。但是有人紧接着跟了一句，"每天进步一点点，比如0.1%，虽然进步很小，但是积累起来不得了"。这话就有问题了。

老喻就说了，未来是不确定的，谁能保证你每天真的能进步一点点？**现实情况是，即使你非常努力，99%的时间里你依然会感觉一无所获。**

比如，某家公司的股票，上市以来回报率惊人，但它肯定不是一天涨一点那么涨上去的。中途甚至会经历好几次大跌，跌到让人怀疑人生那种。

所以真正考验人的，不是你是否相信复利——那只会让你痴迷确定性，不肯接受世界是不确定的这个事实。**真正考验人的是，你能否在一无所获的情况下仍然坚持做正确的事。**

仪式

在仪式这个问题上，感觉很重要，内容没那么重要。

为什么这么说？因为**仪式的根本作用，就是找到一件事情的边界。**比如春节就是年和年的边界，婚礼就是单身和婚姻的边界。再比如，你上班，就该穿商务正装；去酒吧，就一定要休闲亮眼；听音乐会，就穿礼服。听着挺繁琐的，但这不只是为了尊重这些场合，显得有礼貌，也是为了让自己的行为举止有边界感。

有这种边界感的人，就不会上班的时候刷微信、打游戏，度假的时候又惦记着工作，而是会活得特别有自控力，会向所有的潜在合作者释放确定性的信息。说白了，就是我有分寸、懂规矩、能自控、贼靠谱。

所以，《小王子》这本书里说：**"仪式感就是使某一天与其他日子不同，使某一时刻与其他时刻不同。"**至于这个边界是什么，用什么来划分，就真的不重要了。

已知

作家采铜在得到App的"知识城邦"里写了一段话。

他说："所有已知的背后都埋伏着一连串恼人的、难以回答的问题。比如你看到一张梅花的照片，你可以说这是梅花。可是如果我反问你，梅花是什么？你可能就哑口无言了。**承认自己已知的卑微，是认知重塑的起点。**"这段话说得真好。

我们通常都以为，知识在已知之外，我不懂的东西，才是我要学的东西。其实不然，知识就在已知的下面。跟家里小孩对话的时候，会强烈地感受到这一点。什么是神仙？什么是自由？什么是权利？什么是玻璃？什么是钢铁？我以为自己懂的东西，只要往下面深问一层，就会发现全是黑洞洞的未知。

良好的生活，其实用不到太多边界之外的知识。我们缺的通常都是对脚下的理解。

以身作则

曾经有一位母亲带着孩子去拜见甘地。她对甘地说："求您一件事，我儿子太爱吃糖，医生说这样不好，但我说服不了他。我儿子非常崇拜您，您能劝劝他吗？"

甘地说："你下个月再来吧。"这位母亲说："我们走了三天才到这儿，您就开开金口劝劝吧。"甘地还是坚持说："不行，你们下个月再来。"

一个月后，那对母子又来了。甘地就对那个小男孩说："小朋友，你不要再吃太多糖了。"小男孩点点头。

这位母亲就问："这么简单的一句话，您上个月怎么就不肯说呢？"甘地说："因为那时候我也有吃太多糖的习惯。"

这个故事是不是真的，我不知道，但我读到之后非常震撼。**自己做不到的事情，永远不去劝告别人。你想在这世上看到什么改变，就先自己做到那个改变。**

艺术

1917年，法国艺术家杜尚搞了一个恶作剧。他把一个用过的小便池签上名字，送到一个艺术展上展出，还正儿八经地起了一个名字，叫《喷泉》。后来到了2004年，这件所谓的艺术作品甚至击败了毕加索，被推选为现代艺术中影响力最大的作品。

有人说，了解杜尚是了解西方现代艺术的关键。为什么他这个恶作剧这么重要？原因之一，就是他一下子把艺术的底牌揭开来让大家看到了，完成了对艺术的价值解构。过去我们都以为艺术是指那些有创造力的东西，但是杜尚给了艺术一个新的定义。**所谓艺术，就是指那些被安放在艺术殿堂里的东西。有没有创造性，其实并不好说。**

这也揭露了人类社会的一个真相——在哪里，往往比是什么重要得多。

艺术史

艺术史学家贡布里希说过一句很奇怪的话，**"实际上没有艺术这种东西，只有艺术家而已"**。

什么意思呢？一般都认为，艺术史就是由风格、流派构成的。

贡布里希说不对，**艺术史其实是由一代代的艺术家，通过解决他们面对的一个个具体问题堆出来的。**风格、精神，那都是事后总结出来的。比如说，荷兰绘画之所以有强烈的世俗倾向，是因为宗教改革后，画家已经接不到宗教题材画的订单了。

你看，**具体的有创造力的人，面对具体问题，解决这些问题，然后再汇成河流，最后被总结成精神和原则，这才是世界变化的真实过程。**

意见

华杉老师说，做决策的人要小心一个陷阱。

但凡要做重大决策，一般来说，我们都想听听周边人的意见，所谓兼听则明。但是**你必须心里有数，每一个给你意见的人，他的意见到底是基于理性，还是基于偏好。**

基于理性提意见，需要很好的判断力，成本很高。而一般人提出来的意见，其实只是基于个人偏好，比如我喜欢什么，讨厌什么，什么让我觉得舒服，什么让我觉得难受。这种意见，对提意见的人来说成本非常低，尤其是当他也不用为结果负什么责任的时候。

所以，做决策的人必须能分清楚这两种意见。不用为结果负责，基于偏好的意见，声音再大也不能听。

意见表达

有一个说法，说意见正在变得越来越不重要。**在过去的中心化社会里，意见的地位很高，因为普通人要想纠正那些高高在上的机构或者精英，只能通过意见表达。**除此之外，束手无策。

但是，现在这个社会演化出了很多让你通过行动来表达意见的工具。比如，你要是真心不看好一家公司，你不用骂它，你到股票市场上去卖空它的股票；你要是真心支持它，你就去买它的股票。

反过来说，如果一个人只会在社交媒体上骂一家公司，而不去卖空它的股票，可能说明两件事：第一，他的意见表达是随意的，不负责任的，不肯拿钱来投票的；第二，他缺乏行动能力，做不到把自己的认知转换成自己的利益。

你看，当意见和行动之间的通道变得通畅时，单纯的意见就变得没有力量了。

意外之喜

在电影或者电视剧的拍摄现场，经常会遇到一种情况，一个镜头明明拍得很满意了，可导演还是会说："来，再拍一条。"这一条被称为"保一条"。上一条不是很满意了吗？为什么还要保一条呢？

有一位导演跟我说，这不全是为了安全，不是真的担心声音画面的故障，其实是导演跟演员玩的一个心理游戏。

说上一条可以了，是告诉演员，你已经有保底的了，你可以自由发挥了。演员就会进入一种更轻松的创作状态，这时候拍出来的东西往往会有意外之喜。绝大多数情况下，导演说保一条，其实并不真是对上一条很满意。对此，演员心里也清楚得很。所以，在片场，**当导演说保一条的时候，大家是有一种放下包袱轻装前进的默契的。**

然后这位导演跟我说了一个金句："**想有意外之喜，请先接受现状。**"

意义

每个人都会在人生的某个阶段想一个问题，特别俗的一个问题：人生的意义是什么？

生之前，咱什么都不是；死了，又什么意义都没有了。就中间这一段，如果不想明白意义，就很难心安。

通常解决这个问题有三个办法。

第一个是**自欺欺人**。假装自己可以永远活下去，然后盯住一个目标，比如当官发财，拼命争，拼命攒，用没有终点的方式做一件有终点的事。

第二个办法是**相信来世和天堂**。这也确实可以把人生活出意义。

第三个办法的境界就比较高了，也是存在主义哲学的基本主张，那就是**在生死之间自我造就，用一次又一次的具体选择，自己成全自己，活得精彩，活得有尊严**。理解了这种境界，咱们才会理解那句话，过程比结果重要，做好当下的事比成功重要。

意义感

有一句话说得好:"为什么绝大多数人赚不到很多钱呢?因为对他们来说,赚钱根本不是刚需,花钱才是。"想想有道理。一个人能赚到很多钱,往往不是因为爱花钱,他只是纯粹地爱赚钱而已。

这是个挺大的脑洞。做好一件事的人,往往痴迷的是这件事本身,而不是这件事要达成的目的。就像喜欢登山的人经常说:为什么要登山?因为山就在那里。

可见,人要想做成事,有一个很重要的能力,就是管理自己的意义追求。一个人没有意义感,不行,干什么都提不起劲儿;太有意义感,也不行,看什么都是手段,都会质疑它的终极意义。

最好的状态是什么?是停留在意义追求的某个阶段,不继续追问,然后乐此不疲。

意义资本

看到一句话说，"意义是新的资本"。

过去，钱、社会关系、品牌是资本；未来，意义和创造意义的能力也是资本。

什么叫资本? 至少有这么几个特征。

第一，资本都是能生蛋的母鸡，凡是能创造出新财富的资源都叫资本。一个能创造出意义的人，就能发起大规模的协作，当然能创造出新财富。资本的第二个特征是稀缺。意义本来就是稀缺的，未来会越来越稀缺。很多人都急需知道自己到底为什么在努力。资本的第三个特征是能保值增值。一个意义，一旦创造出来，就会和金钱资本一样，有一种自我扩张的冲动。

那意义作为一种新的资本，会带来什么变化? 你想，每一个能够影响他人的人，都或大或小地成了可以发行这种资本的银行。从这个意义上说，这个世界正在变得越来越平等。

阴暗面

王鼎钧老师的回忆录里有一个洞见，是平时我们不大愿意面对的一个人性的阴暗面。

他说，人在极端困苦的情况下，支撑他活下去的力量其实有两个东西。第一个，是未来的希望。这个我们都好理解。第二个，其实是跟在他后面，进入这种困苦环境的人。比如，监狱里的犯人，看见有新人跟进，他们此前受的苦就能够稍稍转化成一点优越感。

所以，**支持人熬下去、熬出来的力量，一个是向前看，有点光亮，还有一个是回头看，后继有人。**

理解了人性的这个特点，我们就明白了：为什么越是困苦的环境，人性的恶就释放得越明显；为什么监牢里的老犯人总是会欺负新来的；为什么宫里的老太监总是会欺负小太监；为什么法国作家雨果说，穷人并不罪恶，贫穷本身是最大的罪恶。

银弹

有一篇关于软件工程的经典论文，论文本身我看不懂，但是论文名很有意思，叫《没有银弹》。

"银弹"这个词来源于欧洲中世纪的传说。有一种叫狼人的妖怪，一般的子弹对它没用，只有用银子做成的子弹才能打死它。后来"银弹"这个词就被用来形容那些特效的、一用就灵的方法。而**"没有银弹"的意思就是，软件工程是一个超级复杂的系统，没有任何特效方法可以一下子提高效率。**

看到这个词，我特别想把它贴在墙上。无论创业、做项目，还是养育孩子，所有复杂的事都是如此。面对的问题是独特的，解决问题的资源是独特的，机缘也是独特的。

所以，**解决问题的高手都不追求一劳永逸。他只是把自己打造成一个善于定义问题、解决问题，而且不断迭代的独特系统。过程中，他要不断提醒自己：没有银弹。**

营销

"营销"的目的是什么？这个问题当然有各种各样的答案。比如营销是为了建立品牌，营销是为了维护用户关系，等等。

有一个角度新奇的解释，说**营销是为了切换用户的思考框架**。最典型的，钻石如果和石墨在一个序列里，那就是一堆碳原子，不值钱；但是如果和爱情，和婚姻的承诺在一起，那就贵得多了——这就是成功的营销。

再比如说，如果用户把一款电动汽车和电子产品归在一起，在这个思考框架里，电动汽车的价格就上不去。但是如果它在用户心里被放进了豪华车这个思考框架，溢价就高多了。

说到底，营销就是讲故事。讲故事的目的，就是让自己的产品和其他更有价值的东西站在一起，在用户的心智中产生联想效应。这一联想，思考框架就换了，和用户的关系也变了，品牌和产品的价值也就上升了。

应该

中国音乐学院的李民教授讲了钢琴界的一个故事。

早年间有一届北京艺术节,来了一个很著名的专家,点评一个初中生弹的曲子《伊斯拉美》。这是世界上最难的钢琴曲之一,强度极大,对技巧要求极高。

这位专家非常严厉地指出这个孩子的各种问题,现场的人都听得有点于心不忍:对一个初中生,这么要求也太过分了吧? 等下场之后,专家对这位中学生说:"孩子,我一直想赞扬你,你已经很不错很努力了。但是我必须严厉地批评你,因为你选了一个超出你能力的曲子。你很努力是一回事,但是这个曲子应该弹成什么样,是另一回事。这是两件完全不相干的事情。"

这个道理,其实职场上很多人都不明白。**我们拿出来被别人评价的,不是自己的努力和态度,而是一件事情本来应该被干成的那个样子。**

应聘

我们找工作时，一般来讲，打动用人单位的方法有两种，一是展示实力，列出各种证书；二是展示态度，表达自己的渴望和决心。这两招都对，但恕我直言，都过时了。

在移动互联网时代，信息流动的效率提高了无数倍。**最有效的求职策略是研究这家公司，不断地在各种社交媒体上对这家公司做深度分析。**你放心，这家公司的高层一定会不断在微博、微信上搜索关于自己公司的评论，你很快就会被看到。如果你的评论和分析靠谱，就一定会被公司优先录用，甚至会被主动邀请。这个时候，学历、工作经验这些卡住人的硬杠杠就变得不重要了。

求职，不是攻克一座山，而是种下一颗种子，让它自己在对方的心里发芽、生长。

映照

有记者问霍金:"这一生有什么是真正打动过你的?"霍金的回答是,"遥远的相似性"。这真是一个精妙的回答。

我们其实都体会过这样怦然心动的时刻。比如,原子的结构和一个星云的相似性,一个城市的历史和一个家族的兴衰的相似性,一场战役和一场恋爱的相似性,等等。

请注意,**这种遥远的相似性之所以有魅力,不是因为体现了什么规律。它们之间其实是不能互相解释的,只是一种很诗意的、朦胧的映照关系。但是,我们人对世界的理解,正是靠这种遥远的相似性来深化的。**

举个我自己的例子。进化论我很早就知道,但是自从我听到了"进化剪刀"这个词,我对进化过程的那种残酷性就有了更深刻的理解,对每一个现存的事物也有了更深的敬意。这一切都要感谢领悟了进化过程和剪刀之间那种遥远的相似性。

用户抛弃路径

看到一篇文章，讲了一个有意思的逻辑。

它说，优化互联网产品，有一个很重要的方法，叫简化用户抛弃路径。简单来说，就是当用户不想用你的产品时，他们能够更方便地离开。我们知道，一般做产品都是要拼命留住用户，这个说法怎么正好相反？

它的道理是这样的。互联网产品之所以有可能爆发性增长，就是因为用户会不断地给你反馈，然后你能根据这些反馈不断地迭代自己。认识到这一点，你就知道了，**想尽办法留住的用户，往往不是你最真实的用户**，他们给你的反馈可能是错误的。所以，你就无法获得互联网给你的最大利益——快速和真实的反馈。留住他们，虽然眼下好像避免了损失，但其实会造成更大的损失。

诚恳对待一切合作伙伴，让该留的留下，让该走的赶紧走，让自己处在一个真实的世界里，这是一切成长的基本前提。

用户心智

美国快餐品牌汉堡王有一天突然宣布，他们的招牌汉堡"华堡"当天不卖了，因为要支持竞争对手麦当劳"巨无霸"的销量。奇怪，为什么要支持竞争对手？原因是，那天麦当劳卖"巨无霸"挣的钱，要捐给患癌症的儿童。

你看，这是很漂亮的宣传手段，既蹭了热度，也显得大度。但是，这背后也可能有一个时代性的变迁，就是企业定义自己竞争对手的方式变了。

过去的竞争战场，主要是市场份额，你多卖一个，我就少卖一个。而现在的商业竞争，很多是以用户心智为战场的，你和用户关系拉近了一分，我就要想办法更高一筹。

比如，你麦当劳展现自己的善心，我汉堡王不仅要展示同样的善心，还要更进一步展示自己的大度和聪明。你看，这不是旁敲侧击地蹭热度，这是喧宾夺主的心智争夺战。

用心

我们经常说，要用心观察，用心思考，用心学习。那么请问什么叫用心？

我在罗伯·沃克的一本书里看到一个解释。他说，**用不用心的区别在于，你是在接受这个世界原本的样子，还是在观察这样的世界会对自己产生什么样的影响**。我觉得这个区别说得特别好。

就像看一本书，逐字逐句地看，甚至把一本书都强行背诵下来，那不叫用心看。用心看，是指在看的过程中反复地想这么几个问题：这个作者到底是在回答什么问题？这些问题我有吗？如果我没有，作者成功地让我觉得这些问题确实是问题吗？他的回答有说服力吗？他的回答拓宽了我看这些问题的视野吗？如果拓宽了，我原来的思考框架有什么问题呢？

带着这些问题读书，你会发现，**我们不是在读"书"，而是在通过外部的刺激来观察"自己"的变化，这才叫用心读书。**

优秀的人

吴伯凡老师说，管理学界有一次投票，选举排名第一的管理理念，结果第一名居然是no asshole（没有混蛋）。

想来也是，让一帮不掺杂混蛋的优秀的人在一起工作，会大大节省管理成本，甚至压根儿就不用管理，那可不就是最棒的管理吗？

可问题是，什么叫优秀的人？什么叫混蛋？优秀的人不是能把什么都做对的人——那叫神仙不叫人。

我觉得，**优秀的人核心就是两个字——具体。再宏大的目标，他们也能拆解成一个个具体的小任务，然后再想具体的方法完成这个小任务。**比如勤奋、善于协作，都是这个特点的结果。而混蛋呢，正好相反，一脑子抽象观念，所以除了待在原地抱怨，什么也做不了。

游戏

为什么大家爱玩游戏？对于这个问题，我有一个小心得。

你看，我们身处的这个世界，那么广大、浩渺、无穷。而我们身处其中，那么渺小、卑微、有限。不管我们做什么，都不能指望这个世界给我们一个明确的反馈。这时候，游戏就诞生了。在任何一款游戏里，人的行动，都可以得到一个明确的反馈。

比如，下棋，棋高一着就能赢；掰腕子，力气小了就会输。你会发现，所有的游戏，都是在大世界中圈出来一个小角落。在这个封闭的小角落里，人的行动、能力很快会兑现为结果，形成反馈闭环。

所以，为什么人类会对游戏上瘾？因为人类太需要反馈了。想通了这个道理，就知道为什么**经常给别人点个赞，对别人的行动给个回应，是一种很大的善意。因为我们在大大的世界中，帮对方完成了一个小小的游戏。**

有趣

看到一篇文章，里面提出一个问题，怎样才算一个有趣的人？它给出的答案是，**一个有趣的人，就是一个全面强于我们对他的想象的人。**这个答案有意思。

仔细想想，我身边称得上有趣的人，还真都是这样。不管你和他在一起待多久，有多熟悉，他总还是有新东西掏出来，让你眼前一亮，总是比我们对他的想象要多一点。新思想、新视野、新知识，在有趣的人那里总是取之不尽。

那什么是无趣的人呢？自然就是那种全面弱于我们对他的想象的人。第一印象还不错，但是时间一长，经常会对他失望。如果你认同这个说法，其实一个人变得有趣就很简单了，无非就是随处留心皆学问，随时比周边的人多学一点点、多想一点点、多交一点点朋友，只需要一点点，就足够有趣了。

有限

松浦弥太郎的《100个基本》里有一段话："经常会有钱不够、时间不够的情况，但不把这样的话说出口。在忍不住要说的时候，强行咽回去。我觉得这些话无论如何都不该说出口。因为在有限的时间和金钱内推进事物的前进，是自己的责任。两者都不够的原因，说不定在于自己的生活态度。如果将其归咎为'社会的错，世人的错'，那你永远都不会有够用的时间和金钱了。"

这段话让人极有启发。至少在社会合作中，我今后尽量不会说钱不够、时间不够之类的话了。因为这两句话招不来任何同情和帮助，它们只传达了一层意思，就是在约束条件下，我不愿意做出进一步的努力了。

在有限的时间内，用有限的金钱推进事物的前进，永远是自己的责任，永远是一个做事的人的使命。

诱惑

我有一个特别爱看书的朋友，他知识非常渊博。有一次我跟他闲聊，问他是从什么时候开始爱看书的。他说，这件事的起因，是小时候他老爹的一个诡计。

原来，他小的时候，他爹有很多藏书，但就是不对他开放。他每到一个特定的岁数，他老爹才对他开放一个书柜，说这个柜子里的书你可以看了，其他的暂时还不行。但是，他老爹平时又经常跟他谈起那些不让他看的书。有时候还拿一本，找出其中一段，跟他讨论两句，让他看两眼，然后又收起来。这个朋友说，他的青少年时代就生活在对书籍的强烈好奇心中。

他说："我爱看书，根本的起因不是什么求知欲，而是一个魔鬼般的诱惑。"

所有希望培养孩子某种爱好的父母，其实都可以借鉴一下这个方法，有时候诱惑比逼迫有用得多。

语言

作家连岳说过一段话，人的生活稍微安定之后，幸福感油然而生，但与此同时，危机感也油然而生。

为什么？因为就像进入了一个蚕茧，我们熟悉的东西会像蚕丝一样把我们越捆越紧，最后就没法突破了。这个道理我们都懂，那该怎么办呢？难道动不动就要打翻重来？动不动就要诗和远方？

其实不用。连岳说，人不要忘了自己的利器，就是语言。只要保持语言的敏感度，每天有意识地接触新词，到一个陌生的地方，学几句当地话，看到陌生的概念，就查一查它的意思，找懂的人问一问，都能给大脑有趣的刺激。这种习惯，短期看没什么用，长期看就是自我宇宙的膨胀。只要保持这种膨胀，你的宇宙就会变得非常非常大。

学习新的语言，熟悉新的词汇，就是我们母语的拓展，就是我们个人帝国版图的扩张。

育儿

我有一次见一个朋友教育孩子，印象深刻。

朋友的儿子大概四五岁的样子，那天不知道为什么突然发脾气，拿起玩具就乱扔。朋友不急不恼，说了一句："自己扔的，一会儿自己要捡起来。"孩子马上就不扔了。

朋友后来跟我说，**一般的家长都倾向于管理孩子的行为，那是很难管住的。而他管孩子，着眼于管理孩子行为的结果，其中的核心精神是负责任**。换句话说，你可以自由选择，但是我要把这个选择的后果跟你讲清楚。

只要意识到自己需要负责任，其实孩子比大人想象的要理智得多。

预测未来

在家看了几部老科幻片，发现预测未来真是一件不靠谱的事。正好看到一篇文章也在说这个道理。

为什么预测未来这么难？原因有两个。第一，人们会把眼下最缺的东西夸大。比如，很多年前我们就想象城市里可以开飞行车，现在看猴年马月也未必能实现。第二，技术好预测，但是文化不好预测。

比如有一部20世纪早期的科幻电影，预测未来的办公室，很多东西都预测对了，如传真机。但是有一样东西，那个时代的人打死也想不到，就是办公室里会有大量的女性。而在那部电影发行的年代，办公室里几乎没有女性。你看，这就是文化的变迁，很难提前想到。

社会和个人一样，可以决定自己明天怎么做，但是很难知道自己明天怎么想。趋势容易看到，但文化是关于趋势的趋势，这就很难看到了。

预期

前同事怀沙和他爸出去吃大排档，点了茶，也点了酒。毕竟是大排档，餐具没那么讲究，酒杯和茶杯用的是同一种杯子，而且是瓷的，从外面看不出里面是什么。

结果，这顿饭吃得特别糟糕。每当他想喝一口酒的时候，本来盼望的是那种浓烈的刺激，结果呢，喝到的是茶；本来想喝一口茶清清口，结果呢，被酒冲撞了一下，口感尽毁。

他爸就感慨说，都是预期惹的祸。你想，他拿起杯子的那一刻，并不一定非得要什么。但是因为有了预期，所以从那一刻起就启动了一个进程，不断向那个预期逼近。如果结果和预期相反，就会非常败兴。

你看，**东西的好坏，往往不是由东西本身决定的，甚至不是由主观评价决定的，最大的决定因素，其实是具体场景里的具体预期。**

预制快乐

主持人汪涵说，他有一个保持快乐的方法，就是买一件自己喜欢的东西，但是不取回家，就放在店里，等到自己不快乐的时候，把它取回来就快乐了。

我的同事冯启娜老师也经常会提前三个月给自己买一张音乐剧的门票。这样，一连三个月，她都能有一个念想、一个期待，心情也就好了。

这种对付自己的办法很有意思，**预制好一个快乐在那里，让自己想遇上的时候就能遇上。**

不过，人生当中有一件事情绝不可能这么做，那就是爱上谁，和谁过一辈子。这件事没法预料，只有等到他出现的时候，你才知道就是这个人。这是老天爷放在我们命里头的一个最大的谜。

原创

看到一个悖论，叫"原创悖论"。一般来说，我们都认为伟大的艺术家都是原创，不会抄袭别人。但是你真要去问大艺术家，他会坦诚地告诉你，天下文章一大抄，借鉴前人的作品是常态。

这个悖论还有一层，你以为大艺术家只是模仿和借鉴吗？其实不是，他们是通过模仿他人来自我成长。有一句话很精彩：我们是通过模仿他人，并观察我们的独特性随着时间的推移而出现，从而发现我们是谁。

所谓原创，不是凭空出现一个完全属于自我的独特的东西，而是在模仿别人的过程中，一点一点地发现，自己的哪些改造是更好的，自己的哪些特点是想放弃也放弃不了的。模仿越多，这种对自己的发现也就越多。

所以你看，模仿和原创不仅不冲突，甚至可以说，原创就在模仿之中。

原则

为什么一个人做人要有原则和底线，一家公司必须要有价值观? 除了道德上的理由，其实还有一个原因。

人和公司一样，每时每刻都在面临各种选择。但是，无论你多聪明多理性，选择的时候，信息总是不完备的，都不一定能选对。那怎么办? 就是用原则和底线来选。这会让选择的效率变高、速度变快。

就拿开公司来说，你要是每时每刻都想着靠行贿做生意，除了法律上和道德上有风险，你会发现到处都有机会做选择。就算你把事办成了，选择的效率也会变低。一个有原则和底线的人，排除了大量的选择，专注在自己擅长的事情上，自然也就更有竞争力。

所以，原则是什么? **原则是让你的选择变得更少，竞争力变得更强的工具。**

圆珠笔

第一次用圆珠笔时，不知道你想过一个问题没有：为什么钢笔的墨水管那么粗，而圆珠笔芯那么细呢？

其实，刚刚发明圆珠笔的时候，笔芯和钢笔墨水管是差不多粗细的。但人们很快就发现，这样的笔芯漏油。为什么漏油？笔头的耐磨性不好，那颗小圆珠磨小了，自然就漏油。所以，刚开始改进的技术思路，都是提高笔头的耐磨性。但是这个方向上的努力后来都失败了。

后来大家发现，圆珠笔一般是写到2万个字的时候开始漏油。那好，把笔芯做细，装油量减少，把一支笔芯的写字量控制在1.5万个字的范围内，然后，问题就解决了。

你看，解决一个问题，永远有两个方法：**第一，解决这个问题；第二，让问题本身消失。**还有，得不到一个东西的时候，就转头想想，是不是可以不要它？这永远是个有效的思路。

远见

我们经常说，一个人应该有远见。但这几年，我对远见有了新的理解。

第一，所谓的远见，都是在不断做具体事的过程中，逐渐生长出来的。观察我身边的那些牛人，他们的远见都在不断迭代中，去年的和今年的不一样。请注意，这是特指做具体的事的人。那些评论家甩的满口大词，不叫远见。

第二，真的不能要求每一个人有远见。他眼前就有一笔钱可赚，你要求他为了某个远见放弃这个机会，其实也就是放弃眼下的生存，这太不近人情了。

所以你看，远见既不是确定不变的，也不是一定正确的。那到底什么是远见? 我的体会是，**一个人既有生存下来的热情和能力，又有不被生存条件驯化的警觉性，为生存方式的迭代保持了充足的可能性，这就已经算是很有远见了。**

越级

有一个从部队退伍的朋友跟我讲了他刚当兵那会儿的事情。

有一次，他在路上遇到了连长。作为一个自来熟的人，他马上凑上去和连长寒暄，顺便还汇报了一件事情。但是万万没想到，连长勃然大怒，揪着他来到排长那里，拍着桌子吼："这是你带的好兵，居然学会越级汇报了。"这个朋友讲，经过这件事，他算是明白了，在部队里，越级汇报是一个天大的忌讳，但直到现在他也没明白这里面的原因。

你看，这个问题看似不起眼，但其实已经触及了一个大组织内中层权力的本质。**中层权力是什么？就是根据这一层的信息做决策的机会。**如果在信息上被绕开，你下面的情况你的上级完全知道，那这一层权力也就形同虚设了。

所以，在政治学上有一个观点认为，权力的本质就是信息。

运气

曾国藩这辈子说了好多名言警句，可他自己最重视的是这么一句："不信书，信运气，公之言，传万世。"

不要信书上讲的那些，要信运气，这是曾国藩给自己拟的墓志铭。活了一辈子，他觉得就这句话要传给千秋万代。孔夫子从来不信神神鬼鬼那些东西，怎么曾国藩这个大儒反而强调要信命运呢？

作家杨早有一个说法，曾国藩这句话，其实非常厚道。"不信书，信运气"，其实是提醒成功人士别狂，不成功人士也别泄气。**万般皆是命，半点不由人，对不确定性的敬畏和恐惧，不管对谁来说，都是最好的精神养料。**

宰相

中国古代最大的官，叫"宰相"。《周礼》里面很多官名，都叫什么"宰"，比如冢宰、大宰、小宰、宰夫、内宰、里宰。

可是你有没有觉得奇怪，这个"宰"字，是屠宰、屠夫的意思，和当官有什么关系？过去我看到的解释，都是说，"宰"是指充当家奴的罪人。这个好像没什么说服力，从罪人到宰相，地位差别有点大。

后来我看到一个新的解释。你回到最原始的村落里去想一想，杀猪宰羊，那是大事——有肉吃了嘛。宰的任务是把猪羊弄死，这不是关键，关键是分肉。你家分多少，他家分多少，这是重大的利益问题。所以操刀割肉的人，必须得有公信力，大家相信你能够在利益分配上做一个公允的人。所以，"宰"后来才引申为官员。

你看，所有握有权力的人，不管在做什么，本质上只有一件事，就是做好利益分配。

赞美

脱不花的《沟通训练营》里面有一讲，专门讲怎么赞美他人。

我看到有人就说了，难道每个人都值得赞美吗？我遇到人就赞美，难道不是拍马屁吗？我不觉得他哪儿好，我还赞美他，不是很虚伪吗？听起来很有道理。但问题是，这些说法还是误解了行走江湖的正确姿势。

他人是什么？他人就是我们的"磨刀石"。**从某种角度来说，和他人的每一次相遇、每一次沟通，长期来说，对我们只有一个意义，就是让我们变得更好。**

那我们再来看前面的几个问题：难道每个人都值得赞美吗？当然，因为每个人都有长处。我遇到人就赞美，难道不是拍马屁吗？当然不是，这是你在练习，练习发现他人长处的能力。我不觉得他哪儿好，我还赞美他，不是很虚伪吗？你不觉得他哪儿好，这没什么可骄傲的，这只是一种能力上的欠缺而已。

赞叹

推荐金圣叹的时候，我说，他给我的一个启发是，**永远要站在美好的事物旁边赞叹。**

很多人都觉得，我要是认为某个东西好，就得带着它登堂入室。其实真的不必，**我们缺的不是好东西，而是让我们感知到这个东西魅力的人。**

记得上大学的时候，我去听一个讲座。那位老教授上来先感慨了两句，说我今天又读了一遍《离骚》，《离骚》好啊，《离骚》好啊，真是好啊。然后他就开始讲别的了。但是就这么短短几句话，让我回去赶紧找出早就买了但是没读的《离骚》，从此我就领略了《离骚》之美。

你看，站在美好的事物旁边赞叹，我们就已经是他人最好的启发者和领路人了。这就是金圣叹最有价值的地方，也是我一辈子想做好的事。

增量标准

很多人感慨公司给的成长机会少。可是，你要问公司的老板，他们又都在感慨机会太多，但是能用的人太少。

这个反差是怎么回事？是因为衡量人的价值的标准不同。自己衡量自己用的是存量标准，什么学历、经验、资格，等等。**但公司衡量人用的是增量标准，就是一摊新事交给你，凭什么相信你能干好？核心是你和其他人之间的关系是不是一个合作型的状态。**

后者往往见一面、说几句话就能判定，比如仪容整洁、眼神镇定、气场友好、反应敏捷，等等。

所以，有人拿着很漂亮的简历纳闷："我这么好的条件怎么就没人重用呢？"答案通常只有一个，你没什么问题，是你和世界的关系出了问题。

增强回路

刘润老师提到一个词，"增强回路"。第一次听到这个词时，我立即就觉得脑子开了个天窗。

什么叫"增强回路"？**简单地说，就是你做一件事，它的结果会强化你做下一件事情的因。**也就是将军们经常说的那句话，"一场战役的目的不只是赢，还要为下一场战役准备更有利的战场"。

刘润老师举了个例子。你想提高自己孩子的写作能力，最好的方法，就是让他开一个微信公众号，一旦有了不断增长的阅读数、留言数和打赏，这些结果就会强化他写作下一篇文章的因，一个增强回路就形成了。

用这个方法来反思我们手头正在做的事，你就不会只问怎么才能做成它。你还会问，做成了它会成就什么，然后再来决定要不要做。

战略

关于"战略"这个词，有各种各样的定义。比如，加迪斯的定义是"战略就是协调目标和能力"，也就是在你的能力、资源和目标之间找到一个平衡点。

我和清华大学的徐弃郁老师聊天时，他提出了一个新的说法：**战略能力就是保持自己随时能有多个选项**。我听了眼前一亮，这是一个很新鲜的角度。对啊，谈战略的人往往都在谈目标，但是，战略要实现的目标往往都是很远的，是很虚的，甚至是随时可变的。

那怎么衡量你是不是一个好的战略制定者呢？就看你的选项有多少。如果你突然面对一种处境，只能要么妥协认输，要么拼死一搏，那即使你赢了，也只是战术上的赢，在战略上你已经输了。

从徐老师讲的这个角度就可以分清战略和战术的区别了。**战术，是选择之后能赢。战略，是你随时有得选。**

找工作

资深生涯规划师古典老师在一篇文章里提了一个很重要的醒。很多人一提找工作，第一反应就是找个招聘网站投简历。

但是古典说，这个路子不对。你别从找工作的人的角度想，而是反过来从招人干活儿的老板的角度想，如果有一个新机会、大机会，你会给谁？一定是给身边合作多年，靠谱的人。这就把90%的好机会拿走了。

如果身边没有合适的人，老板会怎么办？老板一般会让熟悉的人推荐他们的熟人、同学等。这些人又拿走了剩下的10%机会中的90%。最后实在没办法，老板才会找招聘网站。

明白了这个机理，找工作的方法也就清楚了。**首先，好好干眼前的事，争取最好的身边机会。其次，多建立社会关系，争取被推荐的机会。最后，去考虑怎么投简历。**

照猫画虎

《读库》的主编六哥（张立宪）引述缪哲老师的观点，说什么是傻叉。他说，就是那种"进退感"和"分寸感"都很差的人。这个定义真好。**所谓进退感，就是对参与和退出一件事情的时机的判断。所谓分寸感，就是对参与力度的判断。**

你发现没有？要想在这两个维度上表现出色，光靠学知识是做不到的。知识最多让我们能把握底线和高线，就是什么事该干，什么事绝对不能干。但知识并不能训练我们，让我们拥有进退感和分寸感这样的实践智慧。

怎么训练这两种感觉呢？我自己的体会，就是向其他人学习——最好是身边的人，照猫画虎地学，学他们怎么待人接物，怎么发邮件，怎么发言，怎么表达不满和赞许。

有一句话说得好，所谓的素质就是学表演，一招一式地学着演。表演得多了，素质就是我的了。

侦察兵

看到一篇对我很有启发的文章。军队里面有两种兵，一种是战士，一种是侦察兵，他们的行为模式是不一样的。

战士，无非是保护自己、打败敌人、服从权威、爱护战友，只要把这些人人都有的本能激发出来就可以了。

可是侦察兵就不一样了。他们必须学会和已有的知识及本能作斗争。比如说，一个有经验的侦察兵知道某地有一座桥，但是如果真要画到地图上，他就不得不再确认一下。要想搞清楚世界的真相，就必须警惕存量。

你看，人的竞争策略也可以大体分成这两种。**在力量决定输赢的时代，存量越多的人，也就是"战士型"的人，越会赢。但是，到了认知决定输赢的时代，对存量越警惕，对增量越好奇的人，也就是"侦察兵型"的人，才会赢。**

真相

你听过《二泉映月》吧？指挥家小泽征尔对它的评价是，这是一首应该跪下来听的曲子，确实美到动人心魄。

它的作曲者是瞎子阿炳。可是你知道吗？阿炳的眼睛不是像过去电影里说的那样，被什么地主弄瞎的，而是嫖妓得了梅毒的后遗症。阿炳穷，是因为抽鸦片败光了父亲的遗产。就连《二泉映月》的曲调也是脱胎于一首妓院里的淫曲，叫《知心客》。

我得承认，第一次看到这些信息时我很不舒服，不过这种不舒服的感觉恰恰是应该警惕的东西。它说明我还是缺乏就事论事的能力。阿炳是什么样的人，从来不会影响《二泉映月》这首曲子的伟大，甚至也不会影响阿炳这个人的伟大。

一个人求知的过程，就是分得清楚什么是自己愿意听的故事，什么是原本的真相。

争论

人为什么尽量不要参与争论？我听到两个有趣的观点。

第一个来自一位经济学家。他说，**人这种动物，对于和自己切身利益相关的事，往往能保持理性；一旦这件事和自己关系不大，就很难保持理性。**经济学里讲的"理性人假设"，不是说所有的人对所有的事都理性，而是说人在需要付出代价、决定和自己相关的事时才是理性的。所以，不要参与和自己切身利益无关的争论。你没有自己想象的那么理性。

还有一个观点就更有意思了。**越是双方争论得厉害的时候，双方的共同点就越多。**比如，当两个人就相对论的某个证明方法发生剧烈争吵的时候，你说他们是共同点多还是分歧点多？所以，在争吵即将爆发的时候，咱们得明白，咱们和对方其实是很像的人。

争议

有一个人在网上写东西经常被人黑，有一天我看他被黑得实在太惨了，就私下给他发消息说，挺住，别往心里去，过两天就好了。他回复我说，还好还好，越有人骂，我这个公众号粉丝越涨。过去，我们生活在一个大的社会共同体之中，对于看不惯的东西，冲上去就批评，甚至谩骂，这本身就是社会规则的一部分。

但是在互联网时代，每个人都生活在小圈子里，谩骂和争议不仅伤害不了对方，反而是在帮助对方突破小圈子，增加影响力。

有一次，我亲眼看见一个搞电影宣传发行的人在那里自言自语，搞点什么争议才好呢？你看，这个时代，聪明人算计的就是那种满脑子是非对错的人。

证明自己

有这么一个段子，说有三个人误入一家精神病院，被当作病人关起来了。那接下来，这三个人该通过什么方式证明自己是正常人？

第一个人心想，一个讲得出真理的人总不会被当成精神病吧？于是他不停地对医生说"地球是圆的"。结果当他第十次说这句话时，他被拖进了病房。

第二个人告诉医生自己是位社会学家，知道各国首相的名字。一个有知识的人总不应该是精神病人吧？不过当他开始背诵这些名字的时候，他也被拖进了病房。

第三个人呢，什么话也没说，该吃饭吃饭，该睡觉睡觉，见到医护人员还会说声"谢谢"。结果不久医生就让他出院了。

事实上，但凡想用某种方式证明自己，都可能被认为是一种病态。**很多时候，过度地证明自己和用力表现，只会让人产生不信任感。**

政治

19世纪初，梅特涅亲王说过一句话：**"政治最伟大的价值，就在于清晰判断各方的利益。"**

其实，何止政治，只要你想通过协调多人做成一件事，梅特涅的这句话就很重要。"清晰判断各方的利益"，这句话有好几层潜台词。

第一，别看大家都在做同一件事，但是每一个参与者的利益都不同。你认识到了吗？判断得出来吗？

第二，你打心眼里认可这个不同吗？你能让别人服从你的利益，而且还能设法帮助每个人实现自己的利益吗？

第三，如果这些利益是互相冲突的，你有能力找出办法，平息这些冲突吗？

第四，在斗争中，不管你的优势有多大，你能为别人的利益留下足够的空间吗？

如果能想到这四层，即使处理的只是私人小事，我们也算得上政治家了。

支持系统

作家张爱玲从未见过自己的祖父母，但她这样描述自己和他们的关系："跟他们的关系仅只是属于彼此，一种沉默的无条件的支持，看似无用，无效，却是我最需要的。他们只静静地躺在我的血液里，等我死的时候再死一次。我爱他们。"

这是一种非常有洞察力的视角。我们何止和自己的祖先是这样的关系？我们和自己的一切支持系统都是这样的关系。平时不觉得有什么用，但它们就是这样躺在我们的血液里。

一个早年间流落到西方的中国人说过，有一次实在身无分文，又举目无亲，几乎濒临绝境了，他居然靠着自己这张中国人的脸，教起了太极拳，而且居然挣到了钱，最终渡过了难关。

你看，祖先、文化这些听起来虚无缥缈的东西，其实才是我们随身带着的最可靠的支持系统。

支教

大学生去偏远乡村当一段时间乡村教师，这叫"支教"。

支教本来是一件大好事，但是这几年也有人说，支教的时间那么短，光给当地的孩子展示了外面的世界很精彩，结果反而让孩子受到精神刺激，事与愿违。

但是，我听说过一种支教方式就很好。大学生去偏远农村就干一件事：给孩子做职业认知培养。比如四川大凉山地区，太封闭落后了，当地孩子只知道三种职业，就是农民、开小卖部的和司机。支教的大学生通过演小品的方式告诉他们，世界上还有其他职业，比如警察，并告诉他们这个职业是干什么的。你不是跑步不错吗? 练好身体，将来考警校，就可以当警察。这种支教方式，点燃了这些孩子非常具体的希望。

你看，什么才是最好的教育？不是给人看最好的景色，而是给人可以努力的目标。

知错能改

有一个朋友，他的工作是专门帮助"瘾君子"戒毒。他跟我讲，现在的医学让有毒瘾的人在生理上脱毒已经很容易了，戒毒之所以这么难，有两个原因。

一个是心理上的，所谓心瘾难治。吸过毒的人永远记得吸毒时的那种快感。那已经是他记忆的一部分，是没办法消除的。

第二个原因是社交关系。很多人戒毒成功，都是因为远距离的搬家，切断了过去的社会关系。

这番话让我开始重新理解一个词，就是"知错能改"。改错，我们过去一直以为是改观念、改行为，其实哪有那么简单。**改错实质上是从内心到外界，改整个构成自己的网络。**一件事情，一旦发生，就会沉淀在你生命的网络中，只有切断这部分网络，才有机会重来。

知恩图报

人类社会有一种基本的道德准则，叫知恩图报，也就是受了谁的恩惠，就要回报谁。这个准则在熟人社会是可以运行的。今天你家人帮我家盖了房子，明天我家人就有义务帮你家打井。

但是，**进入现代之后，陌生人社会来了，这根知恩图报的链条就断了。**比如，在城市里你帮助了一个过路的人，只能是出于善念，不能指望，也指望不上将来他回报你什么。那问题来了，在陌生人构成的现代社会，**我们怎么才能把善意的链条延续下去？**

一次，我看到某个电视剧里的一句台词，很受启发。主人公帮了人，对方千恩万谢，说必有后报。主人公说：**"你不用回报我，以后你有条件了，也这样帮助别人，把我给你的这份善意传递下去就好了。"**

这真是一个绝好的回答。以后，我要是帮了萍水相逢的人，这也会是我的答案。

知人论世

有个成语叫"知人论世"。世，现在一般指世事。这个成语把我们对世界的认知分成了截然不同的两个部分："知人"和"论事"。它们之间有什么区别？

最大的区别是，"论事"时，要尽可能多用概念。因为概念可以贯通事物，能举一反三。比如，薛兆丰老师就说，掌握了"成本"这个概念，就算是掌握了一半经济学。

但是"知人"就不同了，评价人的时候，重在能区别对待、就事论事，能根据具体的场景形成具体的感受，恰恰不能多用概念。比如什么他们北京人如何，他们犹太人如何，这就是思维上的懒惰，想用一个标签来涵盖一切。

所以，判断一个人认知水平的高低，有两个简单的标准：**第一，看他在谈论一件事时，能否熟练地多用概念，越多越好；第二，看他在评价人时，能否少用概念，越少越好。**

知识服务

导演李安把一部小说改编成电影，只看一遍小说，为的是保留小说最打动自己的那个点的感觉。他会把这个感觉放大成一部电影，而绝不沉迷到小说原来的情节里。

我自己经常要向用户转述一本书的内容，这门手艺，最重要的也不是忠于原书，而是忠于自己被书中某个段落触动的感觉。

我经常和同事说，我们做知识服务的人，其实要扮演的既不是用户的老师，也不是某本书的传声筒，而是一张底片。**别人的东西像光一样打在我身上，我会像一张感光胶片那样，感受到一部分，再创造性地显现出一部分，再加上暗房技术的处理，最后得出一张照片。**

在这整个过程中，最重要的是我的感受能力和呈现能力。而最珍贵的，仅仅是最初让我有触动的那束光。

知识体验

杨照写了一套大部头,《经典里的中国》,一共十本,读完之后我有很多小收获。

我最喜欢这套书的地方,是它的出发点很正。它不是说经典都是祖宗的好东西,你不读不是中国人。

杨照说,像《尚书》《诗经》这些经典,产生于跟今天很不一样的时代,由过着很不一样的生活的先人们所写。所以,我们能**从中得到那些从来不晓得自己身体里会有,现实生活中也不可能有的经验,感受这些文化遗产带来的新鲜、强烈的刺激。**

杨照这段话里其实包含了一个重要的东西,就是学习这个概念的转变。**过去,知识是信息和工具,关键在于记住和使用。现在,知识是体验和环境,关键在于你和它之间能建立多么真切的关联。**

职场

有一名马上就要踏入职场的大学毕业生，问我，怎样才能尽快适应职场环境。我说，我还真是不太懂这个，但我倒是可以和你说说学校和职场的区别。

同样是领导，学校的老师会赞赏那些爱问问题的孩子：这是什么呀？为什么呀？怎么办呀？老师一听就特喜欢。

可是工作单位的上司呢，他希望看到你更多地为自己的职守负起责任，所以就不见得喜欢那些爱问问题的手下。他们只乐于回答一种问题：我可不可以如何如何？他只需要回答同意或者不同意就可以了。

职场里下级打给上级的标准公文，最后几个字永远是"妥否，请批示"，而不是"怎么办，请指示"。所以，**了解职场，先从了解职场的程序开始。**

职场思维

有一家公司让一个员工去追回一笔应收货款。这小伙子追不回来，最后回家取了笔钱交给公司了。你要是领导，遇到这样的下属，是不是会哭笑不得？**虽然已经进了职场，但他仍然是"考场式"思维方式。**

职场和考场有什么不同呢？总结起来，最根本的有三点。第一，职场中没有确定的题目。即使老板出了题目，有经验的职场人也会把它改造成自己愿意做的题目。第二，职场中没有闭卷考试。一切难题的解决都是广泛求助的结果。第三，很多老板经常喊什么不管过程只要结果，但是你放心，最终决定你在公司内混得好不好的，永远是你做事的方式。

理解不了这三点，工作成绩再好，也还是个职场的"菜鸟"。

职业

美国著名法官霍尔姆斯在一篇演讲中谈到他自己做的法律职业。这是我见过的对自己的职业意义理解得最深的人。霍尔姆斯讲了两点。

第一，法律工作者既是事件的见证者，又是事件的参与者。既可以思考，又可以行动。从业者可以同时用这两种身份去体验生命的激情。

第二，法律这个职业就像一面魔术镜子，反映的不仅是这一代人的生活，而且是曾经存在过的所有人的生活。

对啊，现在的法律制度，其实是历史上所有法律制度堆在一起的结果。不过，仔细想想，**世界上所有的职业，如果一个人能做到最高的境界，其实都符合霍尔姆斯讲的这两点标准：第一，既是思考者又是行动者；第二，既着眼于现在，又站在所有前人的肩上。**

职业化人群

大陆法系和英美法系是当今世界的两大法系。大陆法系判案主要依据的是成文法典，而英美法系的法律传统是判例法——判案子主要依据的是以前的判例。这个奇怪的法律传统是怎么形成的呢？

我看过各种各样的解释，其中最有说服力的是，因为这种法律系统培养了一群职业化的法律从业者，比如法官、律师。只有他们对判例熟悉，而且判例是公开的资源，大家都可以看到，所以很容易区分出高手和低手，形成行业里的辈分、级别和荣誉体系。这个职业化人群一旦形成，谁再要想改变这套制度就难了。

这对创业者的启发是，你要是想创造一个体系，最重要的不是这个体系在理论上多完美，而是要造就一群靠这个体系为生、获得荣誉的职业化人群。他们会帮你捍卫这个体系。一切制度的根源都是人。

纸质书

很多人问，进入数字时代了，纸质书还有前途吗？我觉得有。这不只是因为一帮习惯看纸质书的老家伙还在世，而且因为这是人性的需求。

美国作家索尔·贝娄就说过："我老买新书，不可否认，买得快，读得慢。可是只要它们把我团团围住，就像有一种广阔生活的保证人站在身旁。"你看，买纸质书，买的不是纸上的那些信息，那部分确实可以电子化。但是，**被书、被那些书的作者团团围住，由他们来保证你生活的广阔性，这种感觉是没有办法电子化的。**

自由撰稿人汤姆·拉伯说得就更直白了。他说："我们买书从来就不是仅仅为了阅读。果真要看书的话，整天净泡图书馆不就结了？享受占有的优越感才是我买书上瘾的动机。"

所以我相信，纸质书在电子时代的命运，有点像现在的歌手，线上传播越发达，线下演出就越热闹。

指令

营销顾问小马宋说到一个知识点，根据日本人的研究，如果你在大街上开了一家店，你要给这家店铺做一块揽客的招牌，只要在招牌上加一个箭头，就能提高至少30%的顾客进店率。而且，箭头越粗，顾客的进店率就越高。如果箭头做成动感的、弯曲的，那顾客的进店率还会提高。

这是什么? 这就是指令的力量。

很多人把市场互动简单理解成顾客提供需求，商家负责供给的过程。其实不是。**我们顾客在很多时候，是不知道自己需要什么的。**我们在很多时候，是不想自己做主的，太累了。这个时候，**我们寻求的，其实是清晰的指令。你要我怎么做，告诉我就好了，别浪费我的精力，让我去猜、去选。**

商家不仅要提供更多的选择，还要通过好的产品和服务减少顾客的选择成本。

智慧

偶然看到一段老影片，是当年英国哲学家罗素的一段采访。画外音问罗素，如果很多年后有人看到这段影片，你能告诉他们智慧是什么吗？**罗素说，爱就是智慧，恨就是愚蠢。**

听着好像很"鸡汤"，但这句话可能越到将来就越对。为什么呢？

你想，恨是什么？是一种归因行为——我的不幸是谁造成的，我就恨谁。但是随着社会越来越开放，任何挫败、损失都再难找到单一原因。比如，我炒股赔了，我恨谁？恨上市公司？恨建议我买这只股票的人？只要我恨了，我就是在固执地寻找单一原因，肯定是愚蠢的。

反过来，怎样摆脱挫败和损失呢？在开放的社会环境下，我们需要获得更多人的帮助。为了摆脱困境，任何人的力量对我们都是有用的，包括那些和我们对立的人，以及我们不喜欢的人。所以才说，爱是智慧。

中国式父母

有一个嘲笑中国式父母的说法，说他们从小就逼你练琴，可长大你如果真想去搞音乐，他们会吓得半死；他们从小送你去上奥数班，但是如果你想当数学家，他们马上会痛心疾首，告诉你搞数学将来没饭吃。

他们希望孩子在某个方面表现出色，但是又不希望孩子真的喜欢上它。这种教育观念看起来很畸形。

但是有一位父亲跟我说了另外一番道理。他说，这也未必就是一件坏事。在真实的人生场景中，为了一个长期的目标忍受眼下的枯燥和无趣，这是人生常态。

人生有两种模式：享受过程，随时能找到趣味，这是一种；盯死目标，找到方法，然后付诸行动，这也是一种。有能力分清楚手段和目的的区别，在趣味感和目标感之间找到平衡，这本身也是教育的目的之一。

终身学习者

有人问贝聿铭老先生："你是否羡慕那些创造了建筑流派的建筑师？"

贝聿铭回答说："我从来没有考虑过这个问题，因为我一直沉浸在如何解决我自己的问题之中。"这个回答太精彩了。

我们得到高研院有八个字校训：具体、坚忍、好奇、开放。第一个词就是具体。什么意思？就是说，**一个终身学习者，必须有自己手头在做的具体的事，面对非常具体的难题要解决，这个时候，其他领域的知识和思维模型才能帮到他。**如果他只是空泛地在讨论话题，无目的地在放任兴趣，那他只是一个知识搜集者而已。

一个好的学习者的能力，其实就像贝聿铭先生说的那样：第一，他不是在评论其他人的问题，而是在面对自己的问题；第二，沉浸其中，解决掉它。

种子模型

我们经常会劝人。如果劝了人，他不听，我们就难免沮丧，觉得劲白费了。

但是我听到一个说法：我们沮丧是因为我们对语言的作用在模型上有误解。什么意思？你想，过去我们说话劝人，心里想的模型是什么？"话是开心锁"，是钥匙和门锁的模型。钥匙打不开锁，那当然就是失败。

但是语言真正起作用的模型，不是"钥匙模型"，而是"种子模型"。**一句话说给一个人听了，就像种下一颗种子。你不见得马上有收获，但如果是一颗好种子，它自己会长，将来某一天也许就会开花结果**。比如，我们经常会遇到有人对我们说，你当年的一句话，对我影响很大。其实我们自己也许早就忘了说过那句话。这就是种子的力量。这让我们又多了一重理由去谨慎发言。有价值的话多说，谈论是非的话少说，因为它们都像种子一样，会长的。

轴承

和人聊起什么才是人类历史上最伟大的发明。有一个有趣的回答是，轴承——机器里那种支撑机械旋转的零件。为什么是轴承呢？

你想，人类发明东西的历史有两种主题。一种是让原来的连接更紧密，比如文字、制度、建筑、家具等。还有一种，是让你可以脱离原来的连接，变得更自由，比如弓箭、车、飞机、互联网等。

但是你发现没有，**轴承的特点是二者的特性都有，既让机械里的零件彼此更好地连接，又让连接在一起的零件可以自由转动。**说它是最伟大的发明，就是从这个角度说的。

就像一位做游戏的创业者跟我讲的，现在的游戏都是为了让人沉迷。其实，整个行业都在等待一个时刻，我们称之为"轴承时刻"。能让人在沉迷和断开之间自如切换，那才是最好的游戏。

主次

有同事问我一个问题，工作能力的本质是什么？还真把我问住了。如果倒转一些年，在分工清晰的社会，工作能力就是职业技能，厨师就得会做菜，医生就得会看病。

但现在职场上的大量工作都是新的，谁也没有为这些工作准备好什么职业技能，那工作能力还怎么体现呢？**我自己的体会是，工作能力就是分清主次的能力。**

在全局中分清主次，就是分清当下最重要的任务是什么；在一个时间段内分清主次，就是分清今天上午最该做的工作是什么；在一篇文档里分清主次，就是分清我写这篇东西主要得说清什么。

因为现在职场的残酷，往往体现为对事务主导权的争夺。哪怕我是一个领导，如果不能分清主次、掌控自己的时间表，别人一定会来把我的时间扯得稀烂，让我的行动模式变成应激反应模式。分不清主次，即使我再有能力，最终可能也会一事无成。

主导权

以前我说过这么一句话，"职场的残酷，往往体现为对事务主导权的争夺"，这句话值得展开说说。

一般我们认为，所谓的权力，就是在有限的选项里面做选择：能这么干，不能那么干；提拔谁，不提拔谁。但是今天，权力发生了微妙的变化。权力更多不是体现在"说了算"，而是"对什么说"。

比如我，在公司也算领导，如果我开一整天的会，会议最后也都是我说了算，看起来我既敬业又有权，但如果这些会议的主题是各个部门定的，那我其实对这家公司是失控的，因为我没有在定义问题，我只是在回答问题。

权力的这个变化，其实有利于所有人。**因为无论你现在是什么职位，你都可以通过发现问题、定义问题，来成功地掌握事务的主导权。这个世界正在由一个回答者掌权的世界，变成一个提问者掌权的新世界。**

主张

关于思维方式，我们都知道，第一件事就是**要分清楚什么是事实，什么是观点**。这是有效思考的起点。但是还有一件事也很重要，就是**在观点中，还要进一步分清楚什么是对行动的主张，什么是对行为的解释**。

就拿吵得很厉害的"996"工作制来说，很多发言其实就没分清楚这二者。我自己的习惯是，谈到自己，可以谈主张，包括对自己行动的主张，也可以包括对自己利益的主张；但是谈到别人，最好只谈对别人行为的解释。

比如，我要是谈论"996"工作制这件事，可能会这么说：我主张自己每天要长时间工作，因为要趁身体允许，多做一些有价值的事。如果别人也这样做，我觉得他们的考虑是这样的……如此这般。

你看，对自己，多谈主张；对别人，只做解释。这样说话，是不是就避免了很多无谓的争论？

注射式洗脑

人是可以跳出既定的框架去思考问题的，这是人比机器高级的地方。反过来说，人和人之间的博弈，就是看谁能用自己的思维框架"套住"别人。

有一个词叫"注射式洗脑"。什么意思呢？就是问人一个问题，然后这个问题就像注射器一样，精准打到对方脑子的某个部位。

举个例子。要是有人问我，罗胖，你最近为什么状态不太好啊？那我一般都只能反应说"没有啊"，或者说"哦，可能是因为最近睡得不太好吧"。你发现没有？不管我怎么反应，我都是在对方给定我的框架下做反应。我被迫接受了一个没有事实依据的别人的框架。

所以，如果有人用"为什么＋一个观点"的方式问你问题，比如"为什么最近老板好像有点针对你啊"，或者"为什么你不着急结婚"，那他可能就是在对你进行"注射式洗脑"。

Z

专长

以前我在节目里讲过，这个时代的人，应该有两项以上的专长。即使你在每一个领域只是前20%的水平，但是混搭之后，你可能就拥有全世界独一无二的优势了。

但问题是，如果你现在只有一个专长，也不知道还应该学点什么，该怎么办呢? 建议你去学演讲。为什么? 因为**我们这个时代正在发生一次切换：影响力，也就是你构建起协作网络的能力，比你实际占有的任何资源都更值钱。**

而构建影响力，最重要的是什么? 是效率。一个人如果能够同时影响很多人，效率就高。写作和演讲就是这样的能力。

一个行业的红利，往往不是被水平最高或者职位最高的人拿走的，而是被最能写和最能说的人拿走的。

专业

一个专业人士和一个业余的人，最核心的区别在哪里？不只是水平高低不同，做事的方法也不同。

业余人士看到某个问题，往往是凭着本能的直觉去解决它，是在这个问题本身上使劲。而专业人士呢？因为他对这个系统非常了解，他知道，最显而易见的解决方法反而会让事情变得更糟。所以，他会尝试改变这个系统中元素和元素之间的互动关系。

最简单的例子就是，一只熊，看见门关了，它只会去撞门；而一个人，看见门关了，他会去找钥匙。一个业余跑步者，跑不快，他会拼命跑；一个专业运动员，要提升速度，他会就身体的不同部位做针对性训练。

业余的人看见事件，专业的人看见事件背后的系统。

转换

面对一个无法回答的问题，我们该怎么办？有一个办法是转换。

比如说，有两个人想跟你结婚，你选择哪个呢？既然你纠结，那这两个人肯定各有优劣。所以，这个问题就可以转换成：如果两个人我都错过了，错过哪个人让我更遗憾？

如果你觉得还是没法回答，那就再进一步转换。为什么错过这个人让我更遗憾呢？肯定是因为他身上有我此刻更不能缺的东西，缺了这个，我就不是我了。所以，问题又转换了，变成了"我到底是一个什么样的人"。

这个问题还可以继续转换：我对现在的自己满意吗？如果不满意，我期待自己变成什么样的人呢？两个人当中，谁更能帮助我成为那样的人，我就跟谁结婚。想到这儿，一个本来很纠结的问题，基本上就清清楚楚了，结论马上就出来了。

传记模型

价值投资理论的奠基人格雷厄姆，在八十岁左右的时候说过一句话，很有意思。他说："我希望每天都能做三种事：傻事、有创意的事和慷慨的事。"这个维度切分得妙。

人是活在不同的网络里的。我们生活在情感的网络里，所以要做傻事，也就是排除了理性算计的事，比如陪自己的孩子疯跑。

但是别忘了，人还活在第二个网络里，就是社会竞争的网络，要为自己和团队里的人创造价值，所以就需要做有创意的事。

但人还活在第三个网络里，就是整个人类社会的网络，要尽可能得到所有人的认可和社会的接纳，所以要做慷慨的事。

这三个角度也是一个很好的"人物传记"模型。你想，**一个人的一生，做了哪些傻事，做了哪些有创意的事，又做了哪些慷慨的事，都码清楚，一个人的传记也就写出来了。**

准备

很多书里都强调一种做事的心法——马上去做。

那为什么有人不马上去做呢? 他要做准备。那为什么中国人这么相信做准备呢? 因为考试文化深入人心, 我们总是相信长期准备, 然后一次性博弈。比如, 除了高考, 我们还苦苦考各种证, 就是为了递一次简历; 苦苦写PPT, 就是为了领导点一次头; 甚至谈恋爱都是苦苦做准备, 然后像上刑场似的一次性向姑娘表白。

其实真实世界里, 除了考试之外, 所有成功都是多次博弈的结果。追个姑娘, 反复接触然后水到渠成, 反而成功率高。职场中也一样, 要想成功说服人, 事前事后的诚恳沟通远比一次性的请示汇报重要得多。

所以我经常感慨, 考试文化是创造文化的敌人。

资源结构

朝鲜战争中有个著名的上甘岭战役。那场战斗中，美国方面的指挥官叫范弗里特。他问部下，打下来这些山头需要多少弹药？部下说了一个数，范弗里特说："来，给我准备五倍。"

后来，在军事上就出现了一个名词，叫"范弗里特弹药量"。意思就是，远超必要的资源准备。

吴军老师跟我讲，这个词给他的启发是，**做决策要明白自己的资源结构。**美国人当时很怕死人，但是不怕花钱，所以就应该用数倍的富余资源去做事，以省下稀缺资源。

你看，我们身边的多少老人家，有钱，没有好身体，但是还要"花费"身体去省钱。他们可以成百万地做理财，但是出门打个车都舍不得。也别说他们，其实我们每个人多少都会在自己的资源结构上犯糊涂。

自嘲

有人问我，如果只能带一种能力去来世，你希望是哪种？
我想了想说，是自嘲的能力。

学会自嘲有两个好处。

首先是让周围的人愉快，这样你就更易于获得他人的帮助。
其次，更重要的一点是，会自嘲的人是不把自己太当回事
的人，是接受了自己的缺陷的人，这样既不容易受到伤害，
也更容易找到和自己能力相匹配的人生姿态。

**一个不会自嘲的人，不是不强大，没有力量，而是经常会
用自己的强大去追逐一个不切实际的目标，他的力量也得
不到帮助和增强，因此脆弱不堪。**

自己

日本设计师山本耀司有一句话说："什么是自己？'自己'这个东西是看不见的，只有撞上一些别的什么，反弹回来，才会了解'自己'。所以，跟很强的东西、可怕的东西、水准很高的东西相碰撞，然后才知道'自己'是什么。"

这就是我喜欢的行动者的生活态度。**我就存在于我的行动中，我的行动不断产生结果，我再在这些结果中感知自己的存在，也实现自我的提升。我和我的行动是一体的。**

前些年有一句话说，脚步不要太快，要经常停一停，要等你的灵魂赶上来。我特别想反问，如果你的脚步停下来，你和世界的关系停止了，你确信自己还有灵魂吗？

所以不管是慢还是快，是闲散还是忙碌，我要提醒的是，千万不要把所谓的"灵魂"活没了。

自驾游

曾经和人讨论过什么是最好玩的自驾游旅行，最后大家达成的共识是这样的：

首先，一定要和好玩的人一起，这个不用说了。

其次，得设立一个大致的，但是相对较远的目标，比如说从北京到桂林。有了这个大致的目标，大家就可以避免很多不必要的争执和分歧。

最后这个也很重要，就是不能把行程搞得特别具体，不能让一次旅行刻板得像在执行一个计划。兴致来了，可以在某个地方多流连一会儿；兴致没了，也可以在中途取消几站。总之，要让行程随时可以调整。

后来一想，**这个过程其实和创业的过程是一样的：伙伴给力，愿景清晰，然后行动在当下。**

自拍

张潇雨老师曾经说过两句话:"自拍照片里面酷酷的那个人,并不是你。拍完照赶紧拿过手机来看拍得怎么样的人,那个才是你。"

这话说得有意思。**自拍照片里的你,只是你刻意营造的给外人看的形象。而赶紧拿过手机看拍得怎么样的那个人,表现出来的是什么?是对自己应该是什么样子的期待。**

就拿我自己来说,年轻的时候,在意是不是被拍得老成自信,那时候渴望被信任;后来,在意是不是被拍得有精神,那时候渴望在人群中有地位;再后来,在意是不是被拍得头发显少,原因很简单,开始掉头发了。

再后来,就是现在了,在意是不是被拍得衣着整洁。对,现在对长相什么的看得比较淡了,只在意自己是不是个体面、周到的人。你看,这个变化,才是真正发生在我身上的。

自我介绍

脱不花去上了一个学习班，其中有一个环节是做自我介绍，每个人一分钟。这么短的时间能说什么？无非是姓名、职业、会干什么，等等。

但其中有一位同学的自我介绍是这样的。他说，我研究了你们每一个人。谁，哪年你在哪个城市的时候，我也在那个城市；谁，在干什么的时候，我就在你隔壁那个楼；谁，我们共同认识谁。最后说到脱不花，他说，我不认识你，但我是得到App的重度用户，我还把得到App推荐给了很多人。

你看，这么介绍一轮，一分钟，底下掌声雷动，而这段介绍也成为当天最好的自我介绍。

这件事给我两个启发：**第一，在陌生人那里建立一个好印象，最好的方式其实不是美化自己，而是把自己放到一个和对方有关的网络里；第二，一个人在做一件事之前做超乎寻常的准备，总是会赢得尊敬。**

自省

通常我们都是把自省理解为自我批评。其实不然，这个词的含义比这宽广得多。

自省是一种以自己为标准来衡量外在世界的能力。有这种能力的人，就有可能超越外在世界强加给自己的种种负面情绪。

比方说，**在职场中的生存策略，到底是努力完成老板的指令，以便得到组织的认可，还是尽可能利用组织提供的机会完成自身的成长？**我通常主张后一种策略。因为前一种策略会有成功和失败，而后一种则只是收获大小的问题。

那你可能会说，这样太自私了吧。其实，你不妨找几个老板打听打听，他们到底是喜欢听话的员工，还是喜欢那种主动推动自己专业成长的员工。

自由选择

有个朋友问我，现在年轻人天天看手机、玩游戏，这可怎么得了？会不会以后就没有人看书了呀？我说真的不会。

首先，看手机、玩游戏也没什么不好，这可能是未来最主流的一种学习方式。

其次，只要是自由选择，总会有人选择看书，不选择玩游戏。我记得凯文·凯利说过，现在全世界做盔甲的人，比中世纪的时候还多。这不是因为有打仗的需要，而是因为兴趣。你看现在什么围棋、书法，哪样不是蓬勃发展？

最后，看书的人少了，于是就会有人觉得看书很酷，看书就会成为社交工具，然后看书的人又会多起来，形成一个新的平衡。重要的是，这个平衡是自然形成的，比原来强迫大家读书的结果还要好得多。**只有强制会导致堕落，而自由则从来不会。**

总结

和一位艺术家聊天，很有意思：我总是忍不住想总结点什么，而他呢，总是忍不住想打破我的总结。

比如，我问："这件事，你为什么能做成呢？"他的回答是："你总得先承认这个世界上有不可复制的天才吧？"请注意，他说这话的时候，没什么骄傲的成分，他就是在陈述一个事实。

再比如，我想问他对某件事的观点，他说："我的观点经常是前后矛盾的，甚至也不是什么矛盾，就是因为你们总有人要问，我就只好强行总结，总结的可能不一样，所以就显得矛盾，其实我就没有什么观点。"你看，他回答得特别坦诚。

这次聊天对我是一个很重要的提醒。**我们为什么经常追求对事情的简单总结呢？说到底是犯懒。用一个概念、一个模型来把握一个复杂的事实，对我们来说成本低。但是，一个简洁的表象背后总会有无穷丰富的层次，这才是事实。**

组织

梁宁老师给我开了一个挺大的脑洞。

我们通常认为，管理能力和组织能力是一样的，都是能够整合一群人，让他们合作起来完成一个目标。

但是梁宁老师说，不一样。**管理的核心是"规则"，颁布一套行动规则大家遵守就行了。而组织的核心是"关系"，大家即使在没有明确规则的情况下，还是能够协作。**

理解了这个区别，你就明白了为什么那些出身外企的人去创业往往很难成功。因为他们习惯了管理，而不是组织。有一个外企白领就对梁宁说，我喜欢工作胜过喜欢家庭。因为外企规则非常清晰，工作中，她知道每一件事的要求，知道该如何与人相处，知道自己的什么行为会被认同和称赞。但是在家和丈夫相处，没有规则，这让她非常挫败。

做事

宋代皇帝宋真宗很看重大词人晏殊，遇到棘手的事，就经常写张小纸条，派人去向晏殊咨询意见。而晏殊回复的时候，每次都把皇帝写的小纸条和自己答复的纸张粘在一起。

你别看这是个小小的细节，背后的意思是：您的来信，我送回了，我既不会泄露里面的信息，也不会把它当作炫耀的工具，您放心。

这样谨慎干练的人，皇帝怎么会不喜欢呢? 所以后来晏殊一路做官做到宰相。

这件事看起来只是一个官场小伎俩，但实际上是一种非常难实现的平衡。**做任何事，你的目标其实是三个方面的收益：第一，做成这件事本身带来的收益；第二，让合作伙伴信任你的能力；第三，让合作伙伴觉得和你的合作是可持续的。**这三个收益全拿到了，这件事才算真正做成了。

我有一个启发

源起： 今天我听了一个讲座 / 看了一本书 / 见了一个朋友 / 参加了一个活动……

感受： 让我想起 / 思考 / 疑惑 / 困惑 / 给我的感受……

启发： 所以 / 给我的一个启发是……

说明：用上面的格式，你也可以随时记录属于自己的启发。

我有一个启发

源起： 今天我听了一个讲座 / 看了一本书 / 见了一个朋友 / 参加了一个活动……

感受： 让我想起 / 思考 / 疑惑 / 困惑 / 给我的感受……

启发： 所以 / 给我的一个启发是……

我有一个启发

源起： 今天我听了一个讲座 / 看了一本书 / 见了一个朋友 / 参加了一个活动……

感受： 让我想起 / 思考 / 疑惑 / 困惑 / 给我的感受……

启发： 所以 / 给我的一个启发是……

我有一个启发

源起： 今天我听了一个讲座 / 看了一本书 / 见了一个朋友 / 参加了一个活动……

感受： 让我想起 / 思考 / 疑惑 / 困惑 / 给我的感受……

启发： 所以 / 给我的一个启发是……

图书在版编目（CIP）数据

启发／罗振宇著 . —— 北京：新星出版社，2023.1（2024.5 重印）
ISBN 978-7-5133-5071-6

I . ①启… II . ①罗… III . ①成功心理－通俗读物
IV . ① B848.4-49

中国版本图书馆 CIP 数据核字（2022）第 214795 号

启发

罗振宇　著

责任编辑：白华召
策划编辑：白丽丽　田　迅　张慧哲　王青青
营销编辑：陈宵晗 chenxiaohan@luojilab.com
装帧设计：李　岩
责任印制：李珊珊

出版发行：新星出版社
出 版 人：马汝军
社　　址：北京市西城区车公庄大街丙 3 号楼　100044
网　　址：www.newstarpress.com
电　　话：010-88310888
传　　真：010-65270449
法律顾问：北京市岳成律师事务所

读者服务：400-0526000　service@luojilab.com
邮购地址：北京市朝阳区温特莱中心 A 座 5 层 100025

印　　刷：北京盛通印刷股份有限公司
开　　本：787mm×1092mm　1/32
印　　张：19.25
字　　数：296 千字
版　　次：2023 年 1 月第一版　2024 年 5 月第三次印刷
书　　号：ISBN 978-7-5133-5071-6
定　　价：99.00 元